LE MACCHINE

达·芬奇的机器

［意］卡洛·佩德列特　　著

庄泽曦　　译

湖南美术出版社

全国百佳图书出版单位

图例说明:

本书所载莱奥纳多·达·芬奇手稿与素描图片皆为君提出版社的达·芬奇全集出版计划版权所有,
其原件藏于下列机构或组织(下文中以左列简写字母指代图片来源):

CA	《大西洋古抄本》,藏于米兰的盎博罗削图书馆
Windsor RL	《温莎手稿》中的解剖学手稿,藏于温莎城堡皇家图书馆
Codice Arundel	共 263 页的《阿伦德尔抄本》,藏于伦敦的大英图书馆
	(前身为大英博物馆图书馆)
Mss Foster I-III	《福斯特 1—3 号抄本》,藏于伦敦的维多利亚和阿尔伯特博物馆
Mss I e II di Madrid	《马德里 1—2 号抄本》,藏于马德里的国家博物馆
Mss A-M	《手稿 A》—《手稿 M》,藏于巴黎的法兰西学会图书馆
Codice Hammer	《哈默抄本》(又称《莱斯特抄本》),藏于美国华盛顿州西雅
	图市,为比尔·盖茨所有
Codice Trivulziano	《特里武齐奥抄本》,藏于米兰的斯福尔扎城堡图书馆
Codice sul volo degli uccelli	《鸟类飞行抄本》,藏于都灵的皇家图书馆

达·芬奇素描及笔记的断代结果通常标注在单张手稿旁,此书刊载图像皆已标注确切或大致时间。

目录

◄◄◄

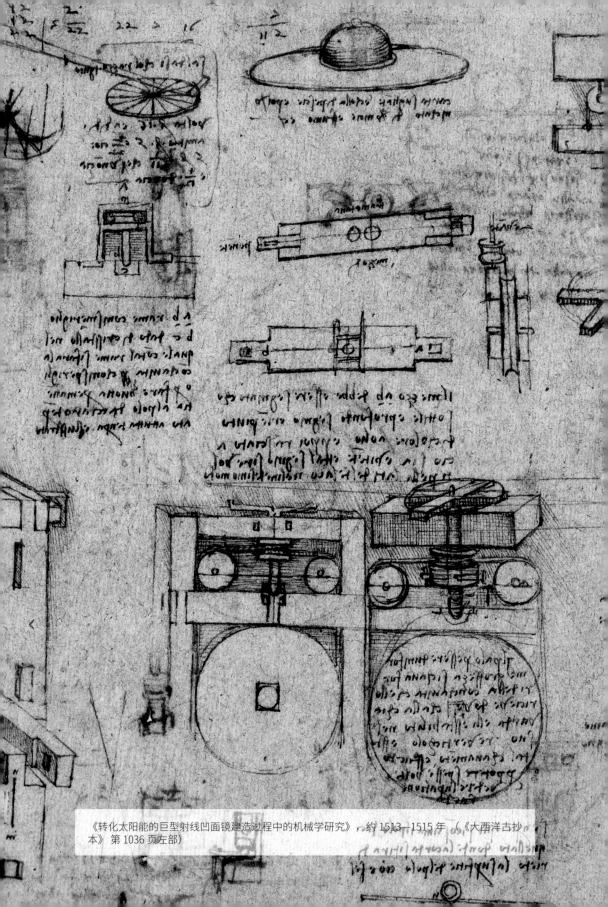

《转化太阳能的巨型射线凹面镜建造过程中的机械学研究》，约 1513—1515 年（《大西洋古抄本》第 1036 页左部）

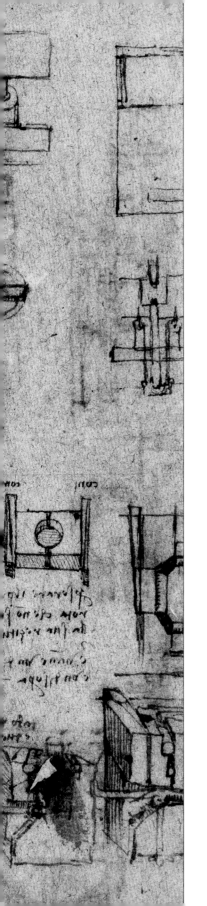

第一章
"真正的科学"

◄◄◄

莱奥纳多·达·芬奇，发明家，时人称之为"阿基米德式的工程师"。他坚信每一项技术概念都必须遵循基础科学中的相关规律。

因此，即使身处经院哲学[1]的文化传统中，他仍把上古建筑师和工程师享有的学术尊严重新带回到作坊实践里。在他非同寻常的工艺学探索之路上，阿基米德那光灿夺目的奇思妙想一直引领着他不断前行。最终，达·芬奇用"真正的科学"，找回了遗失在叙拉古[2]（Siracusano）的古代传说里的那面聚光的镜子。现在，这面镜子不但能汇聚太阳的光芒，还能用来发展工业，甚至成为天文观测仪器的重要构件。

1.经院哲学：天主教教会在其所设经院中教授的理论，发源于中世纪，后来经院哲学试图调和神学与自然科学之间的矛盾。
2.叙拉古（Siracusano）：阿基米德的故乡，位于意大利的西西里岛。

1487—1490 年间的某一天，达·芬奇在他的笔记上画下了一条"细长的线"，他或许正在绘制一台机器的几何示意图，又或是局部细节图。这台机器能在空气中极速地旋转，但谁都不清楚其中的工程原理。达·芬奇大概是第一个这么想的人，不过后来的科学理论验证了他这一闪的灵光。这台机器能驱动刀片式的机翼在空气中高速旋转，从而抬升自己。这便是"旋翼机"[3]的工作原理。

今天的直升机仍基于这种设计，但并非双层结构，而如达·芬奇所绘制的那样，是一条"细长的线"。他认为一旦这条线旋转起来，那么线的倾角就能让飞行器旋扭进空气中。另外，机翼连接在一根支撑柄上，就形成了一台螺旋发动机。在他脑海中，这条线先是转动，然后形成了一个连续的平面，就好比螺钉上的螺纹：这一平面开阔得如船帆一般，又被风吹鼓，因此能拧进空气里。达·芬奇接着写道："它既能悬停半空，又能爬升。"

在笔记上，达·芬奇对这一试验模型的阐述仅寥寥数行，只画了一张草图，并没有谈及具体的结构设计。不过他将这台机器的技术构造比喻成船帆，那就意味着

这一平面将由一系列的桅支索[4]牵引加固，并且与固定在下方的轴承一起转动。如我们在手稿中看到的那样，这台机器的驱动力并非来自一种类似钟表的发条结构，而是通过旋转"空气螺丝"（vite aerea）下方的轴承制动的。

虽然没有明说，但显然达·芬奇构想的这台机器与"阿基米德的扬水螺丝"异

图 1.《人造翅膀实验》，约 1487—1490 年（《手稿 B》第 88 页左部）

3.旋翼机：这里的旋翼机仅指当时一种带有螺旋形机翼的飞行器设计概念，称为"elicottero"（螺旋 -翅膀），也是今天"直升机"的名称。
4.桅支索：桅杆上的支撑绳索。

曲同工，那是一种用来抽水的工具。对他而言，水和气是两种相似的元素，它们与其他事物之间的相互关系也十分雷同。所以，达·芬奇通过研究鱼类的运动方式来理解鸟类的飞行模式，反之亦然。1513—1514年间，年过花甲的达·芬奇正着手建立一套飞行器理论，一套称得上"真正的科学"或"可被感知的科学"理论，其中阐述的现象都能被人感知，因此也就能通过实验证实："想要真正理解鸟类飞行模式的科学原理，就必须先研究风的科学原理。这种原理和水的运动原理在本质上是趋同的，这类科学研究将会从根本上帮助我们认识在风中飞行的家禽的运动法则。"

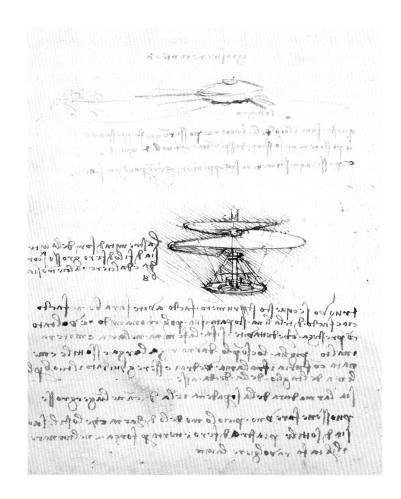

图2.《飞行器（或称"旋翼机"）研究》，约1487—1490年（《手稿B》第83页左部）

图 3.《鸟类飞行与风的关系研究》，约 1513—1514 年（《手稿 E》第 42 页左部）

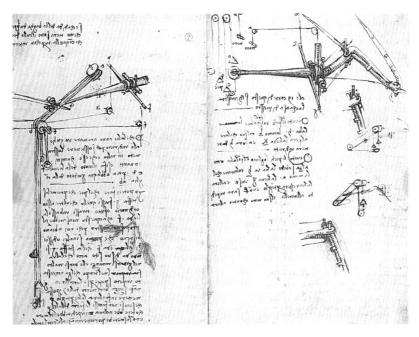

图 4.《滑翔机翅膀研究》，约 1505 年（《鸟类飞行抄本》第 16 页左部、第 17 页右部）

达·芬奇是科学家吗?

对鸟类飞行模式的进一步研究，尤其是滑翔飞行模式的观察探索，让达·芬奇更加坚信人类只要借助机械装置也能遨游长空。同一时期，也就在这部抄本（译者注:《手稿B》）上，他写道:"机械学是数学的天堂，因为只有它才能让数学开花结果。"

但也可以说，这是一条通往悖论的妄途，达·芬奇在这条南辕北辙的错径上走了整整35年，殊不知"科学"为何物。或许难以相信，但他在1487年前后写下的几条词语释义，让这一谜题板上钉钉，他似乎正在找寻"科学"这一术语的定义，就好像在撰写词典条目一般:"科学:即对事物现在、过去及可能状态的认知。""预知力[5]:即对事物未来的可能状态的认知。"

这些内容写在达·芬奇于米兰时期最先完成的，即所谓的《特里武齐奥抄本》（Codice Trivulziano）上，比收藏在法国的《手稿B》，也就是上文提到的那部涉及旋翼机研究的抄本早一些完成。在《特里武齐奥抄本》的前几页，达·芬奇撰写

了如下笔记:"理论:即无需实践的科学。"而把"科学"定义为"理论"（即与"实践"相反），这仍是一种中世纪的观念。

这些笔记提醒我们，达·芬奇苦思冥想要去定义的是以"scientia"[6]这一拼写形式写成的科学，而非"scienza"。"scientia"这个单词常在经院哲学的论著

图 5.《鸟类飞行与风的关系研究》，约 1513—1514 年 （《手稿 E》第 43 页右部）

5.预知力 (pre-scienza)：指先于知识 (scienza) 的认知，即对未来情况的预测能力。
6.scientia (理论)：scienzia (科学) 的拉丁语原型，中世纪、文艺复兴时期的学术界皆以拉丁语撰写著作。

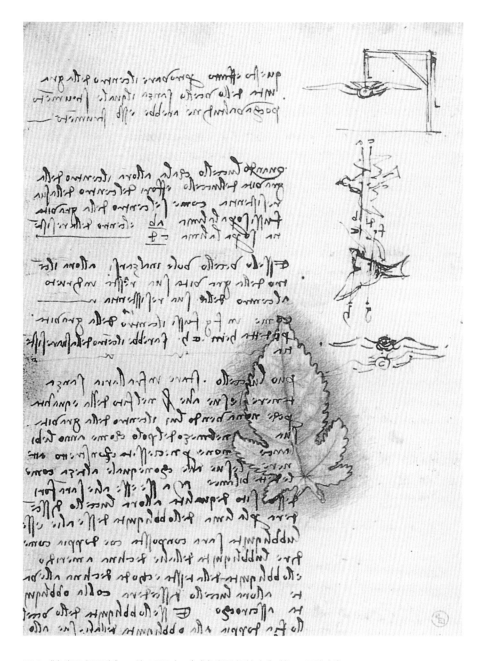

图 6.《鸟类飞行研究》，约 1505 年（《鸟类飞行抄本》第 15 页左部）

中出现，并被定义为"teoria"（理论），然而"缺少理论的技艺什么都不是"（Ars sine scientia nihil est），这句话出自14世纪末的理论家对米兰大教堂设计方案的批评[7]，因此缺少理论的"实践"也不可能成为艺术。

但我们必须澄清，达·芬奇确实具有科学家的特质，因为那时人们对科学的定义与我们今天截然不同。那些从事自然科学研究的学者，不论是解剖学、动物学、植物学、地理学、气象学还是天文学，他们都是哲学家。

而当我们看瓦萨里[8]（Giorgio Vasari）对达·芬奇的天文学研究所做的述评时，就能看出，"对于灵魂的信仰，达·芬奇的一个观点是异教徒式的，他不轻信任何宗教，并认为当一名哲学家比基督徒更有用"。

据说法国国王弗朗索瓦一世也这么认为，在1542年，他对达·芬奇的科学素养发表了自己的看法，这些内容被本笃·切利尼（Benedetto Cellini）记录了下来："我不愿忘记去重申，我从他（译者注：指达·芬奇）的君主口中听到的这些内容，当时费拉拉公国、洛林公国的枢机主教和纳瓦拉国王也在场。他说很难相信生在这世上的人中，还有谁能像他那么博学，达·芬奇不仅精通雕塑、绘画和建筑，他更是一位伟大的哲学家。"

数学家当然也是哲学家，他们更关注算数、平面几何、立体几何、机械学、静力学、动力学、光学、声学和水力学的研究主题。当时的测绘员和土地丈量员就把数学知识应用到了实践中，因此数学知识同样也能为建筑学所用，而几何学（和其他科学一样）也是建筑设计中需要使用的知识，此外宇宙学家还能用它绘制星图和海图。

7.原话出自法国建筑家让·米尼奥特（Jean Mignot），1399年受命改建米兰大教堂时，他认为教堂处在濒临毁灭的境地（peril of ruin），全因没有依据理论来设计。
8.乔尔乔·瓦萨里：西方第一本纪传体艺术史《艺苑名人传》（*Le Vite*）的作者，也是提出"文艺复兴"概念的第一人。

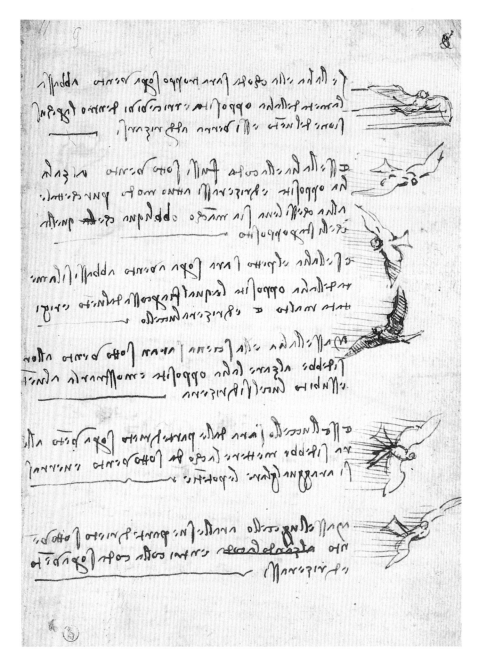

图 7.《鸟类飞行与气流的关系研究》，约 1505 年（《鸟类飞行抄本》第 8 页右部）

理论与实践

孩提时代的达·芬奇就已在"算盘学校"（Scuola dell'Abbaco）里学会了立体几何与文法[9]的基本原理（算盘学校就是现代意义上的小学），他还掌握了阅读、书写和算账的能力，后来他又去了艺术作坊学习技艺，因而熟稔绘画和雕塑技巧。他在那里还研究过建筑，大体上就是把建筑设计方案用木料制成模型来学习，同理，雕塑的学习过程也一样。虽然这种学习模式十分简单，但为达·芬奇未来进行的研究打下了坚实基础，使他发展出一种极为深刻的几何学意识，这是后来的人体比例与透视学研究中不可或缺的东西。

另外，他还研究过建筑家比如维特鲁威（Vitruvio）开展的比例学和视错觉研究。不过，达·芬奇在约1490年绘制完成的那幅著名素描（译者注：图10），即把人体安排在正方形和正圆形中的素描，并非是对维特鲁威在公元前1世纪提出的比例学假说的图示，而是维特鲁威建筑学研究的基础。

由此一来，绘画和建筑也必须在一起协同发展，这是布鲁内莱斯基（Brunelleschi）和马萨乔[10]（Masaccio）早已意识到的问题。事实上，意大利首位绘画复兴者乔托（Giotto）也是一名建筑家，并且乔尔乔·瓦萨里向我们证实韦罗齐奥（Verrocchio）[11]在年轻时也曾接受过艰苦的几何学训练。所以，还未等达·芬奇出生，几何学早就有了举足轻重的地位。因此我们也不必惊讶，在达·芬奇于1478年后画下的第一幅机械设计素描上，所描绘的装置大多数都是布鲁内莱斯基当时建造圣母百花大教堂穹顶时所发明的机器，那大概是1420年的事情。

达·芬奇与布鲁内莱斯基式的传统机械学之间的关系，还能通过以下史料来阐明。

在1469年，韦罗齐奥奉命建造了一颗安装在布鲁内莱斯基设计的穹顶采光亭上的，半径为2.5米的巨型铜球。这颗铜球俨然是15世纪佛罗伦萨最伟大的纪念

9.文法：中世纪博雅教育中的"三艺"之一，属于文科教育的核心部分，另两艺为修辞和逻辑。
10.布鲁内莱斯基和马萨乔：前者为现代线性透视学的奠基人，后者为西方历史上第一位使用线性透视理论创作绘画作品的画家。
11.韦罗齐奥：达·芬奇的老师。

碑，是当时诸多技艺共同的象征：这一尊抽象的，但又是最完美且最完整的几何形雕塑，是这栋伟大建筑上的一顶皇冠。

不过想要造就如此伟业，在技术层面还需解决一个问题，就是怎样才能把这个雕塑吊到穹顶上去（最终在 1470 年完成施工）。当时达·芬奇虽刚进入安德烈·德尔·韦罗齐奥（Andrea del Verrocchio）的艺术作坊不久，但已经跟着老师从事所有工作了，很有可能这一起吊机械就是达·芬奇设计的。不过，这并非仅靠体力劳作和技术创新就能干成的大事，它还需要一套符合科学原理的设计方案。

是时，算数和几何学的迷人魅力第一次向达·芬奇彰显，这是他从未有过的经历。直到 1515 年，年逾六十的达·芬奇仍写道："我还记得那个焊接装置，就是靠它才把圣母百花大教堂穹顶上的那颗铜球焊了出来。"

45 岁后的达·芬奇开始从事能聚焦

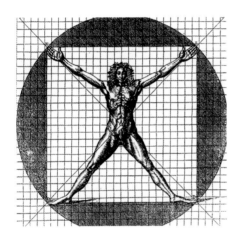

图 8.《维特鲁威人》，载于切撒热·切撒利亚诺（Cesare Cesariano）编撰的维特鲁威著作，1521 年于科莫（Como）出版

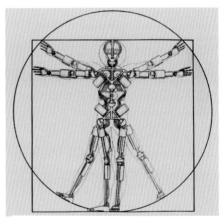

图 9.《机器人版维特鲁威人》，载于马克·E. 罗塞姆（Mark E. Rosheim）的专著《机器手腕与机器人》（Robot Wrist Actuators），1989 年于纽约出版

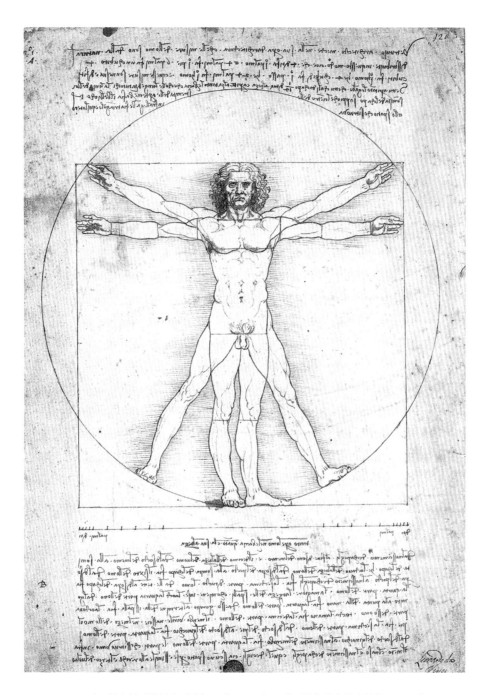

图 10. 达•芬奇的《维特鲁威人》，约 1490 年，威尼斯的学院美术馆第 228 号藏品

图 11. 布耶乔·迪·安东尼奥（Biagio di Antonio），《托比亚斯与诸天使》（*Tobia e gli arcangeli*），约 1470 年，局部，藏于佛罗伦萨的巴托利尼 - 萨林贝尼宫（Bartolini Salimbeni）。画中的圣母百花大教堂正在进行采光亭的施工。

太阳光的抛面镜应用性研究。这一设备让人想起上古时代的类似装置，同样，这也是他的尊师安德烈·德尔·韦罗齐奥用过的机器，就是那台把圣母百花大教堂穹顶铜球的每个碎片焊在一起的工具。

这些碎片必须按精确的几何造型制成，并且还要严格计算出它们的曲面弧度及其与铜球球心之间的固定距离。这些都无法用肉眼分辨，因此必须掌握相关的知识，才能保证铜板在锤击下能够变成应有的形状。另外在曲面切割、打磨工艺上也要精确到毫米，才能保证最终呈现出连续且光滑的平面效果，然后再为其镶金，让它发出太阳般耀眼的光芒。

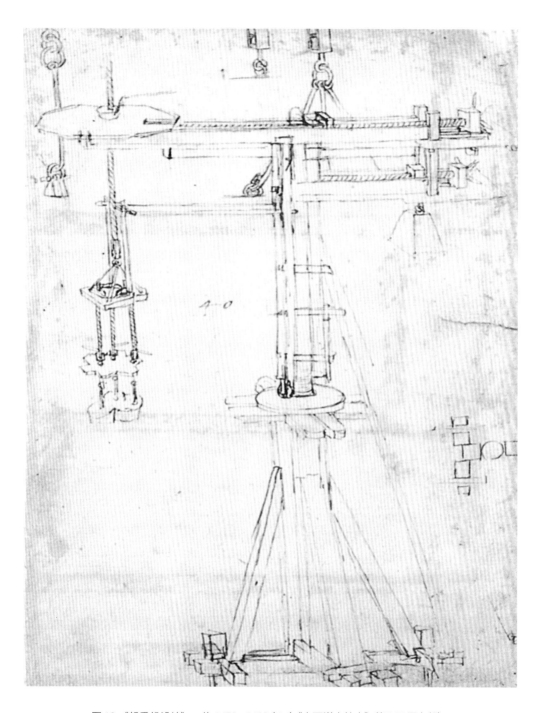

图 12.《起重机设计》，约 1478—1480 年（《大西洋古抄本》第 965 页右部）

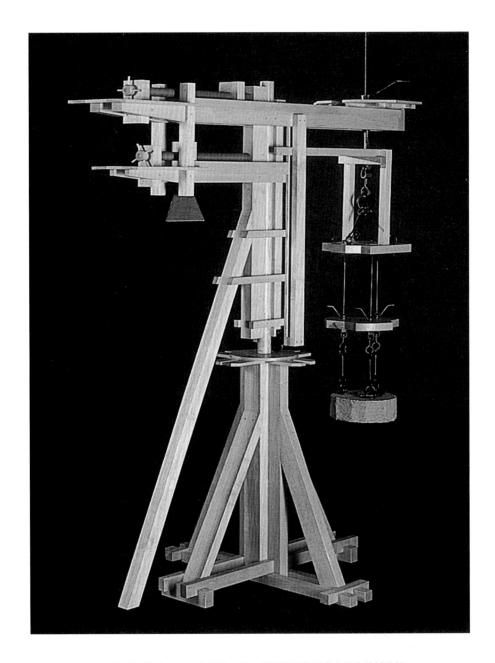

图 13. 起重机模型，1987 年制作，藏于佛罗伦萨的科学史研究院博物馆

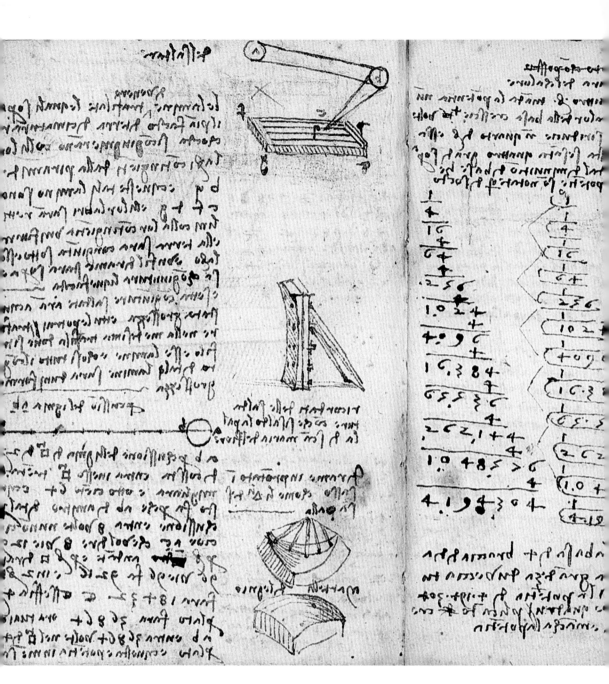

图 15.《抛面镜设计演算与研究》，约 1515 年（《手稿 G》第 84 页左部、第 85 页右部），第 84 页左部上记录了达·芬奇对 1469 年为焊接佛罗伦萨圣母百花大教堂穹顶采光亭上的铜球所做的聚光镜焊接装置的回忆。

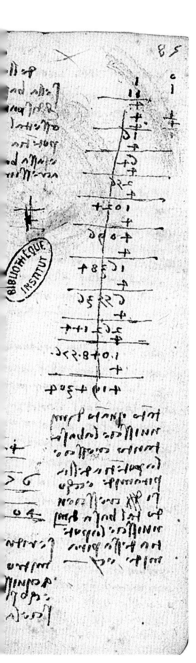

图 16.《凹面镜加工器设计图》，约 1503—1505 年（《大西洋古抄本》第 1103 页左部）

光学和能量

为了完成安装铜球这项工作，他们还需改进焊接设备。因为当时不存在喷灯，所以小型焊接工作全都要用锻造炉来加热铜板。但若要完成大型焊接项目，就必须找到一种更强大的能量，而太阳能是唯一适合这项工作的能量。

这项设计若要成功，必须依靠与镜子有关的科学知识，也就是光学反射原理。这一原理在托勒密、欧几里得和阿基米德的作品中都曾论证过，也在韦特罗（Vitellio）和海什木（Alhazen）编撰的《概略》[12]，以及洛伦佐·吉尔伯蒂（Lorenzo Ghiberti）于1450年写成的《回忆录》中提到过。

现在让我们来分析达·芬奇早年时期在机械学手稿上研究过的那面聚光镜，即所谓的"火镜"（da fuoco）。这些镜子长度不等，小至60厘米，大的则有1米，因此都是在工厂中一面面单独生产的。而它们的曲面弧度自然要通过计算光线反射的预定焦点来决定，也就是说需要通过计算才能让反射的光线聚拢起来。这也是现代科学家们口中的"反射焦散"[13]。

相关的计算内容只能在达·芬奇早年时期的手稿中找到为数不多的线索。不过他后来在1500年后绘制的不计其数的精美示意图也涉及了同样的内容。那么，我们来一窥究竟吧。

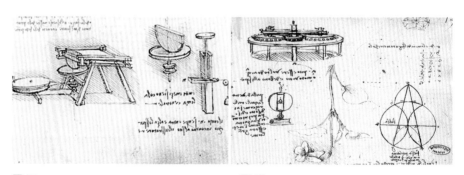

图17   图18

图17—18.《凹面镜加工器设计图》，约1495—1497年（《马德里1号抄本》第61页右部），约1487—1490年（《手稿B》第13页右部）

12.概略（compendium）：一种科学著作文体，以编辑、阐释、论证前人的理论为主，如今天的综述文章。
13.反射焦散（caustica di riflessione或catacaustica）：即光线在射入透明物体遇到镜面时，因为对象表面的不平整而产生的反射现象。

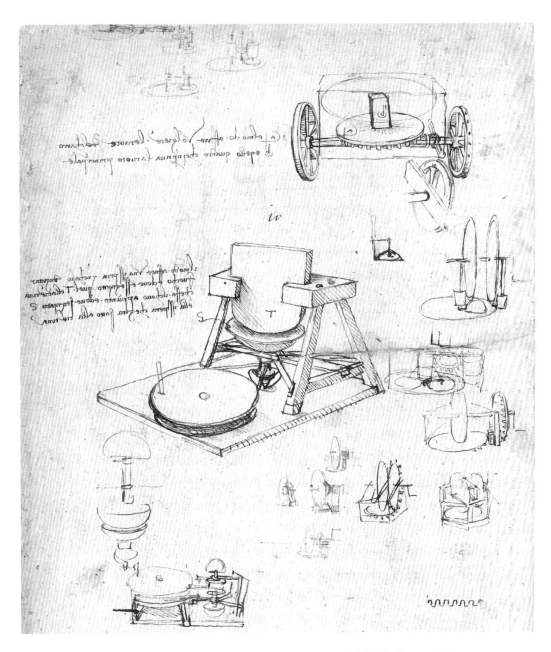

图 19.《凹面镜加工器设计图》，约 1478—1480 年（《大西洋古抄本》第 17 页左部）

达·芬奇早年时期在手稿上描绘的那些加工镜子的机器，与他在15世纪末到16世纪初创作的手稿十分雷同，只不过后者多用同等半径的镜子。后来在1503—1505年间，他选择了另一条设计路线，想要制造一面庞大的聚光镜，好比阿基米德在叙拉古用来击退罗马海军的那面镜子。这就是为什么一篇对达·芬奇其人的早年评述，也就是1504年由卢卡·卡乌力克（Luca Gaurico）撰写的文章，称达·芬奇并不只是韦罗齐奥的高徒，他还能被称为"阿基米德式的工程师"。

他要建造的这面超级凹面镜，大概和巨型空间探测器的天线[14]一样大，在当时

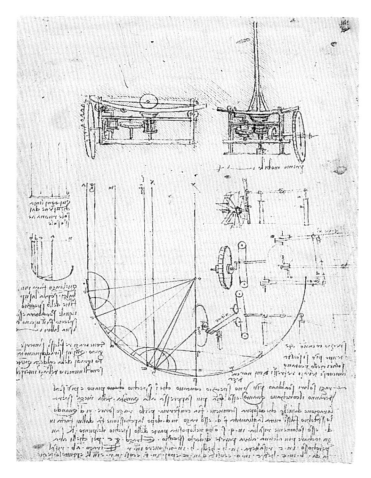

图20.《反射焦散和聚光镜生产设备的研究》，约1503—1505年（《大西洋古抄本》第823页右部）

14.巨型空间探测器的天线：如美国发射的"先驱者H号"上的球面天线，这一结构俗称"锅盖天线"。

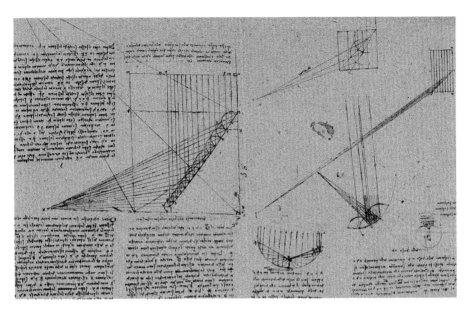

图 21.《转化太阳能的巨型射线凹面镜建造过程中的机械学研究》，约 1513—1515 年 （《大西洋古抄本》第 750 页右部）

几乎是不可能完成的工作。不过，与韦罗齐奥的那颗铜球一样，达·芬奇认为分块建造模式同样能用在抛面镜的制作上。那么，就需要一台极高精度的设备先造出一块"样板"，并以此来确定光滑抛物面的预定曲度。

1513—1516 年间，达·芬奇在梵蒂冈居住，并为朱利亚诺·德·美第奇（Giuliano de'Medici），也就是教宗利奥十世的兄弟工作。同时还有两名德国技师，即镜子制作工匠，帮助达·芬奇完成此项创举。他们的计划是设计一台通过注入太阳光把能量聚焦放出的工业生产机器。这一项目方案正好暗合了美第奇家族的诉求，他们想照搬佛罗伦萨的成功模式，在罗马也增设一家纺织品工业基地，并以此提高罗马城的经济地位。

达·芬奇的手稿还为我们披露了他真实的研究设想："若把棱光（太阳经镜子发射出的光束）的巨大能量聚焦在一点上，那它的密度就会比空气中所承载的那些光大得多。"接下来的这条笔记则向我们揭示了这台设备的用途："借助这台机器，可以将装满染料的大锅煮沸，也能用来加热浴池，因为它们总在烧热水。"这说的是在浴场中使用的集中式加热机。不止这些，一面巨大的聚光镜还能作为望远镜中的抛面镜面。

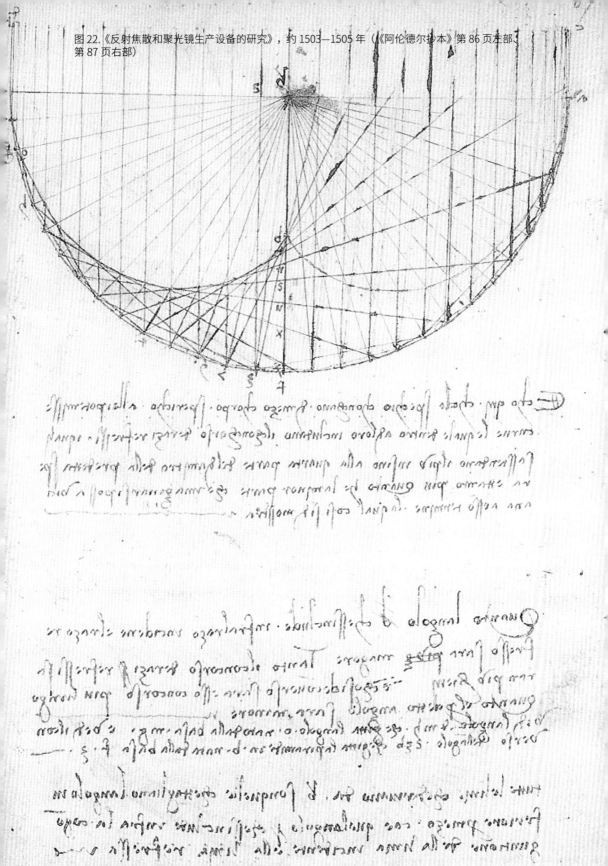

图 22.《反射焦散和聚光镜生产设备的研究》，约 1503—1505 年（《阿伦德尔抄本》第 86 页左部、第 87 页右部）

图 23.《反射焦散和聚光镜生产设备的研究》，约 1503—1505 年（《阿伦德尔抄本》第 84 页左部、第 88 页右部）

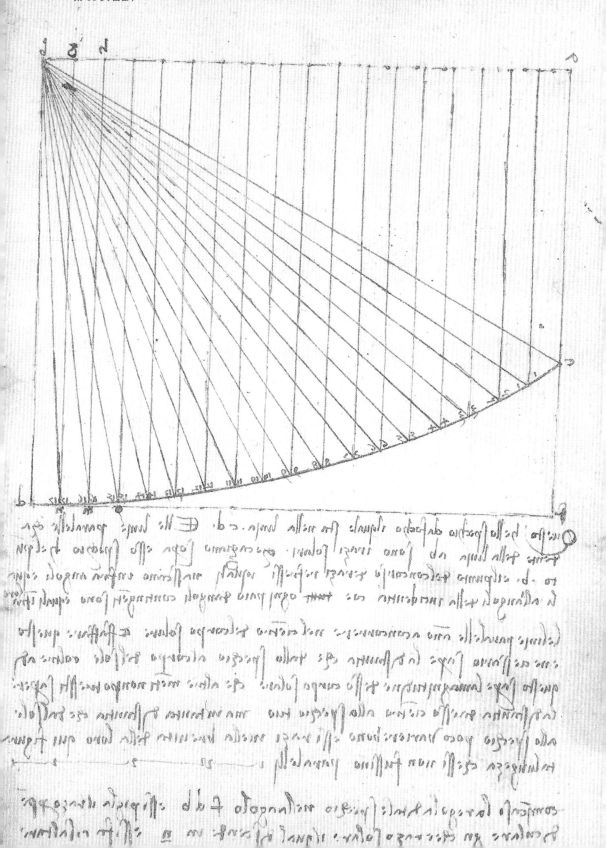

观察天空

在一页手稿上，达·芬奇对这项计划进行了详细的数学演算，并绘制了相关示意图，我们还能看见如下一条笔记："想要看到行星的样子，你就得打开屋顶，在底面上呈现一个星球，再把它反射到相同的底面上，就能看见那颗星球的气色，但是在这个底面上，一次只能看到一颗星球。"

达·芬奇所说的就是建议我们要用抛面镜来观察天象，不过他只描述了自己的想法和操作过程，并没有提供具体的设计方案，所以这突如其来的笔记内容也着实让人费解。但就如达·芬奇所言，"得打开屋顶"，这就好比操作天文台一样，先在"底面上"展现一个星球，这句话的

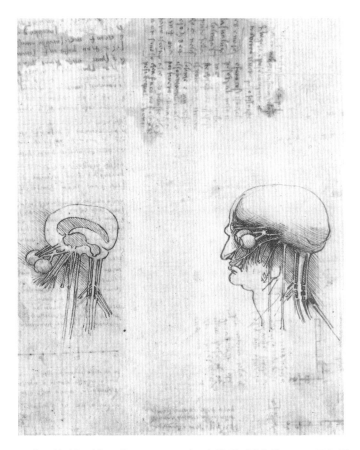

图 24.《眼球解剖研究》，约 1506—1508 年 （《温莎手稿》第 12602 页右部）

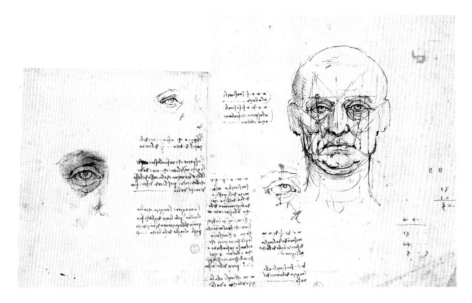

图 25.《面部比例研究：眼球部分》，约 1490 年，都灵的皇家图书馆第 15574 号

意思其实是先调整观察点，让反射棱镜投射出一个星球的形状。后面一句"再把它反射到相同的底面上"的意思是，调整反射光的焦点，让人能清晰放大地观察"那颗星球的气色"，这里的"气色"（complessione）一词指的是表面，也就是星球的外形。而在这个"底面"上，达·芬奇总结到，一次只能聚焦一颗星球。这里描述的机械装置和牛顿设计的反射望远镜一模一样，只不过达·芬奇并未说明这台设备是如何为观察者放大星球图像的。

或许这类望远镜的发明只停留在设想阶段，否则达·芬奇应该能认识到月球表面并没有水，但事实上他一直认为月球有水的存在（虽然最近的观察发现月球存在固态水）。又或许，出于实验目的，他确实建造了几台天文观测设备，但没有得出一个世纪后如伽利略的研究成果。达·芬奇曾在手稿中记录道："做一副能看到大月亮的眼镜。"还有："如果地上的人观察月食，那你就会发现它们变化的规律，就这一问题，我用素描证明了。"

就连筒形望远镜也和其他计划一样，最终都宣告流产。在这一时期的某页手稿上，我们看到："重要的东西在这境遇中身陷泥沼。"而那两位可怜的德国助手，也只好在梵蒂冈附近的市场里，帮达·芬奇把这些镜子销售出去。这一次，达·芬奇彻底动摇了，他的内心陷入了一场不可名状的崩溃之中。

而他在同一时期的另一些科学设想和试验计划中，那些写于笔记上，甚至画成了素描的计划几乎全部遗失了，只有在他死后公布手稿时才被揭露一部分。

我们的这一猜想诞生自哲学家阿格里谷·科勒内留·阿格里巴（Arrigo Cornelio Agrippa）在其著作《科学之虚荣》（*Della vanità delle scienze*，威尼斯，1552年出版）中对达·芬奇笔记的观察："我知道如何生产这些镜子，一旦日光照在上

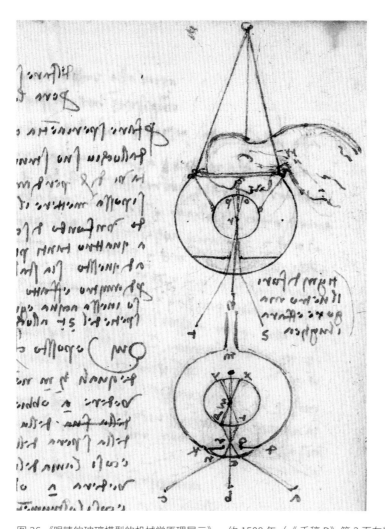

图 26.《眼睛的玻璃模型的机械学原理展示》，约 1508 年（《手稿 D》第 3 页左部）

028

面，一切事物都会被照亮，以至于从极远的地方看去，它亮得像四千或五千盏灯。"

在1482年的时候，达·芬奇刚到米兰，这是他投身系统的科学研究之路的起点。他在米兰从事的主要工作是市政工程和军事装备的设计与制造。

因此，1487—1490年间达·芬奇在米兰参与的那些建筑设计——比如米兰大教堂主塔上的顶饰设计——使他得以更深入地研究拱与拱之间的固有推力的静力学关系。也因此，达·芬奇开始涉足武器设计领域，并开始研究射击、冲力、弹力和惯性理论。

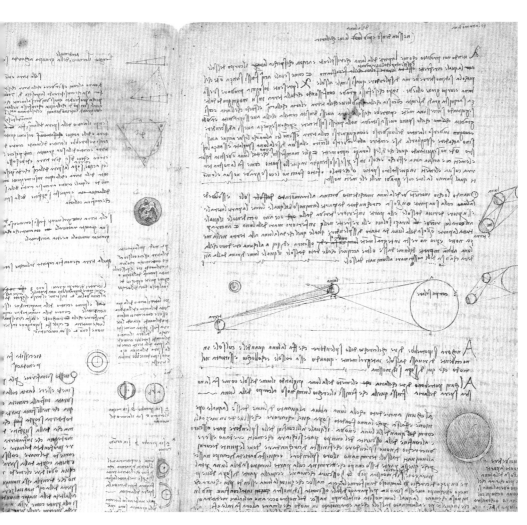

图27.《天文学研究：新月"行星照"的说明》，约1508年，证明达·芬奇开始研究天文观测比伽利略早了100年（《哈默抄本》[15] 第2页右部）

15.《哈默抄本》（Codice Hammer）：又称《莱斯特抄本》，1980年被石油大亨阿曼德·哈默买下，更名为《哈默抄本》，现为比尔·盖茨所有。

科学插图

同一时期，达·芬奇还开启了对水元素的相关研究，就好像从绘画研究中发展出的光学和解剖学探索，他也对水力学和流体静力学颇感兴趣。很快，从这种对科学研究的浓厚兴趣中诞生出一种激动人心的跨学科研究方法。从此，笔记中记录的观察结果可以借助视觉语言的直观性，在思考和分析过程中被一遍遍地反复参考。

事实上，达·芬奇对 16 世纪科学界做出的最大贡献，正是他在研究中对插图的使用。也因此，我们才能在后世的建筑学和解剖学论著中看见插图，就如塞巴斯蒂亚诺·塞利奥（Sebastiano Serlio）和安德烈·维萨里乌斯（Andrea Vesalio）的作品；还有不计其数的机械学著作，从乔瓦尼·布兰卡（Giovanni Branca）到阿古斯提诺·拉美利（Agostino Ramelli），以及乌利塞·阿尔德罗万迪（Ulisse Aldrovandi）有关自然科学主题的革命性论著。达·芬奇自己也常使用插图，在 1510 年创作解剖学研究论著时，他意识到素描有能力直接展现出关于器官及其功能的"真实的学问"（vera notizia）："古代和现代的学者们在描述一桩真实的学问时，离不开长篇累牍、枯燥乏味的论证，但这会让人迷

失在时间和文字的长河里。"

不幸的是，达·芬奇在写作领域坚守的原则并未使他对"理论"所做的贡献得到客观评价。数学家、学院派的论文作者卢卡·帕丘里在 1498 年的一篇论文《局部运动和整体力量，即不平衡的重量》里谈到了这个问题。

这是一种错误的看法，它忽视了达·芬奇的科学贡献的真实意义。但在当时学者，如数学家帕丘里，医学家、历史学家保罗·乔维奥和哲学家杰洛拉莫·卡尔达诺（Gerolamo Cardano）眼中，这些作品

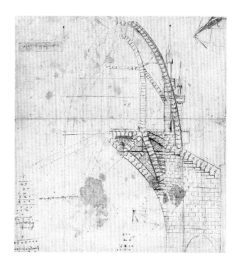

图 28.《米兰大教堂穹顶拱结构的推力研究》，约 1487—1490 年（《大西洋古抄本》 第 850 页右部）

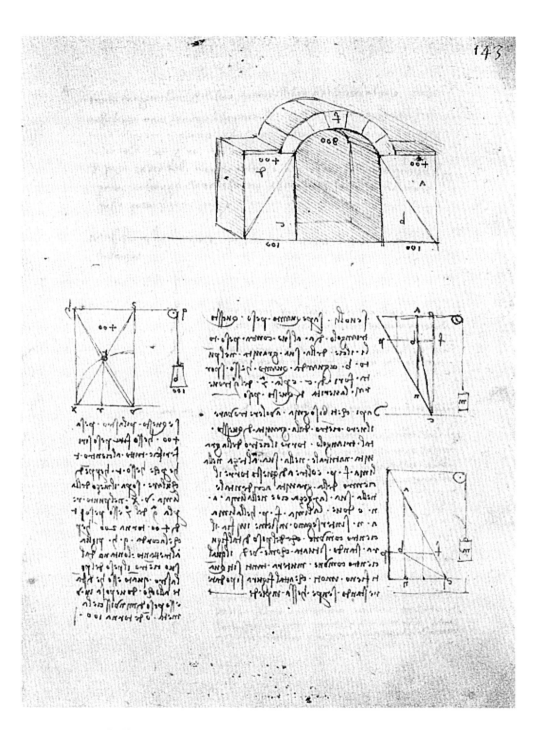

图 29.《拱的静力学和动力学研究》，约 1495 年（《马德里 1 号抄本》第 143 页右部）

就是缺少学术界的正统书写模式，甚至偏离了论文作者应有的身份。但我们还是要说，幸好达·芬奇擅长的是绘画和素描，而不像他父亲那样精通拉丁文（译者加：否则也就没有这些作品了）。

与之不同的是米兰的艺术史学家乔安·保罗·洛马佐（Giovan Paolo Lomazzo）于1590年在达·芬奇学生、遗产继承人弗朗切斯科·梅勒兹（Francesco Melzi）处看到被细心保管的达·芬奇手稿后提出的观点。他在谈及达·芬奇于人体和马匹解剖学研究中使用的比例学和透视法时，如此写道："很多相关著作在解释物体运动和静态性状时都用数学来定义。"后文写道："而这表现出了一种轻松提起重物的技术，那些书能堆满整个欧洲，估计需要大量人力才能管理，因此判定，我们不能再创作那些我们已验证过的东西了。"正是洛马佐把达·芬奇的观点传播了开来——不过主要是在德国和法国，最近的一些研究，尤其是达·芬奇研究专家拉迪丝劳·瑞缇（Ladislao Reti）也证实了这一观点。

除此之外，20世纪60年代出版的有关《马德里1号抄本》的注评中也称：这是第一部对"机械学元素"真正且完整的汇编著作，其中展现出每一种机械的功能和每一个结构的实际意义。

图 30

图 31

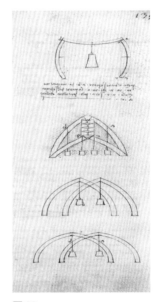

图 32

图30—32.《拱的静力学和动力学研究》，约1492年（《手稿A》第49页右部和第53页右部），约1495年（《马德里1号抄本》第139页右部）

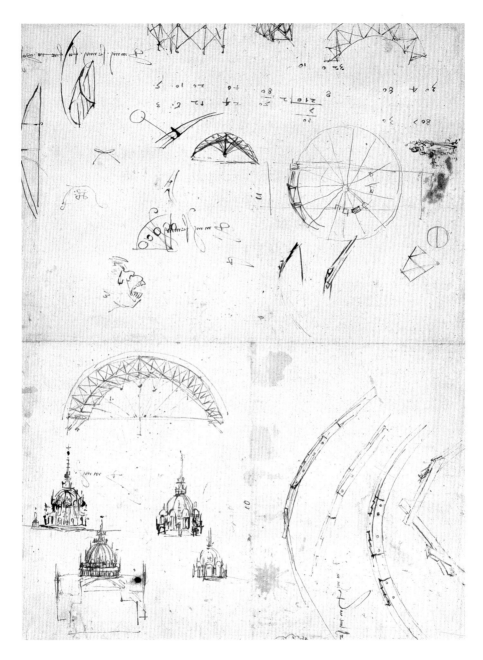

图 33.《米兰大教堂穹顶设计创意》——一张画有人体、漫画形象和水力学研究手稿的局部（《大西洋古抄本》第 719 页右部）

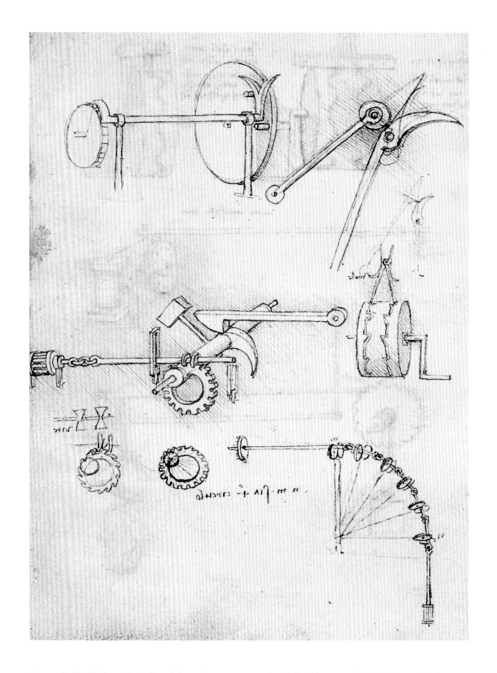

图 34.《"机械学元素"汇编研究》，约 1495—1497 年（《马德里 1 号抄本》 第 8 页左部）

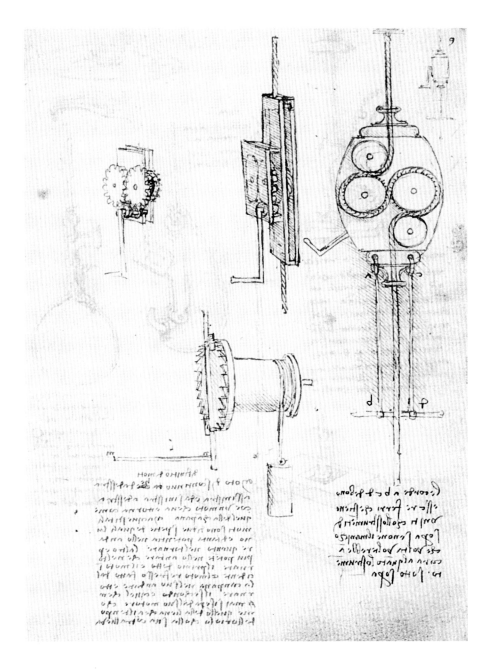

图 35.《人力滑轮升降设备研究》，约 1495—1497 年（《马德里 1 号抄本》第 9 页右部）

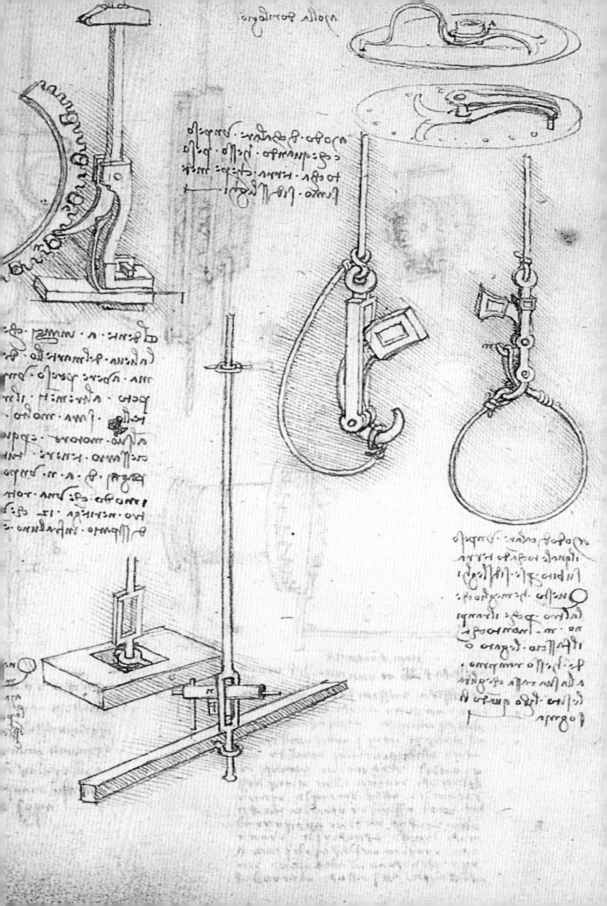

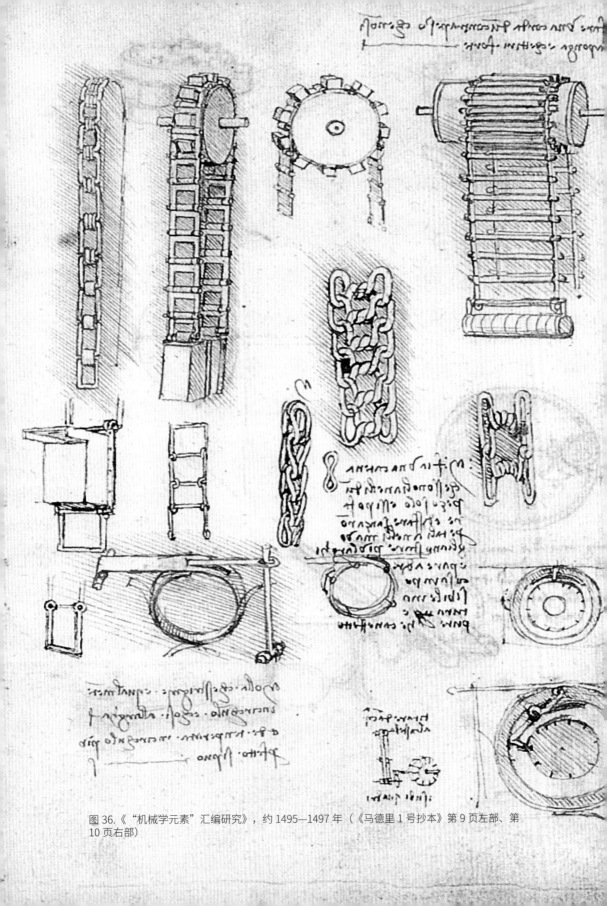

图 36.《"机械学元素"汇编研究》，约 1495—1497 年（《马德里 1 号抄本》第 9 页左部、第 10 页右部）

旋翼机和滑翔机

吉尔伯特·科维（Gilberto Govi）在 1881 年于《巴黎科学院通讯》上发表的一篇简短文章《一个螺旋桨推进装置的古代应用》（Sur une très ancienne application de l'hélice comme organe de propulsion），第一次将达·芬奇的一张小素描，即法兰西学会图书馆收藏的《手稿 B》第 83 页左部公之于众。这张素描是后人反复讨论和论证的一件作品，而这些讨论最终造就了我们今天在达·芬奇主题博物馆和展览中随处可见的那件复制模型。

此外，作为相关技术学内容的参考，可以参看本人在 1957 年出版的《达·芬奇研究》第 125—129 页，以及乔瓦尼·P. 加尔蒂（Giovanni. P. Galdi）撰写的《达·芬奇的直升机和阿基米德的螺旋抽水机：

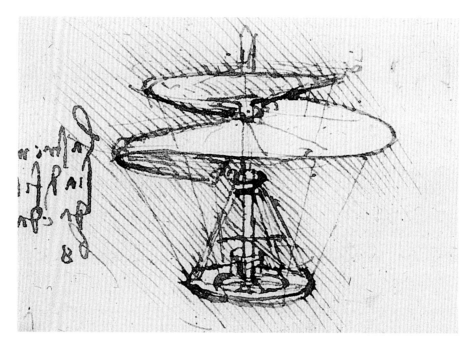

图 37.《旋翼机设计》，约 1487—1490 年（《手稿 B》 第 83 页左部）

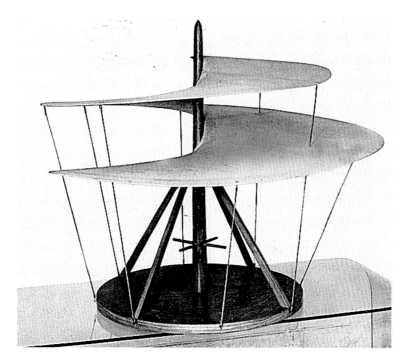

图 38. 达·芬奇旋翼机模型, 藏于米兰的国家科学技术博物馆

作用力和反作用力定理》(Leonardo's Helicopter and Archimede's Screw: The Principle of Action and Reaction), 此文发表在《达·芬奇学院》1991 年第 4 期第 193—195 页。我们发现在中世纪早期的一些细密画上描绘的儿童玩具拥有类似的造型, 而且这些玩具在今天仍然风靡: 那是一种上方带有螺旋桨的长杆。但令人印象深刻的是, 它能扰乱空气并向上飞行。相关内容可参看拉迪丝劳·瑞缇的《直升机和纸风车》(Helicopters and Whirligigs), 此文发表于《达·芬奇档案》1964 年第 20 期第 331—338 页; 或参看更早的由查尔斯·H. 吉布斯－史密斯 (Charles H. Gibbs－Smith) 撰写的相关文章。

达·芬奇对这幅素描的说明就记录于画作旁边: "旋翼边缘用粗壮的铁线牵住, 离中央圆心 8 布拉丘 (大约 5 米)。我发现, 如果要让这台机器正常运行, 那么它的亚麻帆之间的空隙都要用淀粉填满, 当它极速旋转时, 螺丝翼就能旋扭进空气中,

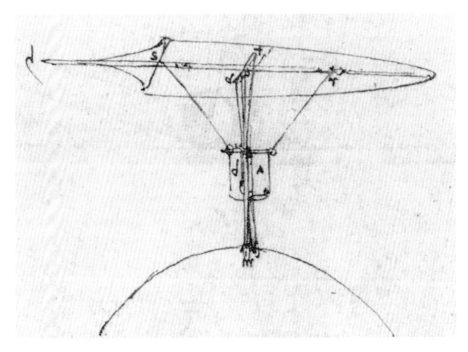

图 39.《滑翔式飞行器研究》，约 1497 年（《马德里 1 号抄本》第 64 页右部）

停留在高处。它就变成了一条宽广又轻薄的线条，疯狂地鞭打着空气：你可以用手臂来操纵竖轴从而形成切线，也可用粗长的杆子固定帆布。我们可以制造一个小型的纸模型，上面用一块被拧弯的薄薄铁板包裹着旋翼。"

对达·芬奇飞行器研究的整理工作开始于20世纪60年代，也就是我们发现《马德里抄本》的时候。那部抄本不仅包含了创作于1504年左右有关鸟类飞行模式的笔记，还有一张绘制于约1497年，包含

大量飞行器素描的手稿。这些飞行器素描手稿是达·芬奇在米兰定居的大约前十年完成的，也就是从1482年到1490年间。那时他还构思了扑翼机设计方案，即一种完全模仿鸟类振翅飞行模式的飞行器设计。大约在1505年，达·芬奇还发明了一种十分高明的帆式飞行器，在这一方案中，飞行员可以方便地调整自己的上身来操纵飞行器的重心，从而转向。

这就是滑翔伞设计，这也意味着达·芬奇不仅研究了鸟类的飞行模式，他还

图 40. 达·芬奇"滑翔机"复制模型，1993 年于英国首飞

观察了风筝的机械构造，从而制造出一部巨大到足以将人抬升至高空的机器。这一内容出现在《马德里 1 号抄本》第 64 页右部，其上描绘了一台类似的机器，另外还画了一架球形滑翔机，这台机器能迎风飞翔，即使在山谷间也能"让人如双脚着地般站立"在由万向接头[16]固定住的中央操控室中。

这页呈现的另一架装置则与现代滑翔机几近相同。1993 年，该飞行器设计的复制品在英国进行了第一次试飞试验（可参看《达·芬奇学院》1993 年第 5 期第 222—225 页）。几乎同时，另一架更接近于达·芬奇原稿设计图的模型由亚历桑德罗·韦佐希（Alessandro Vezzosi）担任顾问，达·芬奇理想博物馆教育与展览项目牵头，由"共同计划"协会 (Associazione "Progetto Insieme") 在意大利翁布里亚大区的西吉洛 (Sigillo) 镇建造完成。

16.万向接头：一种类似于陀螺仪的装置。

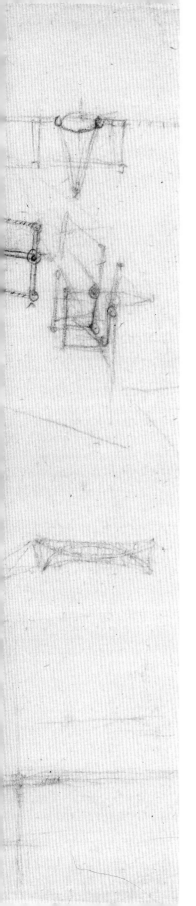

第二章
知识之源

◄◄◄

　　达·芬奇自 15 世纪中叶起，便经常往返于佛罗伦萨和米兰两地，因此也在两种截然不同的文化、历史氛围中接受了洗礼，这一经历可以用来解释为何他在繁若星辰的理论与实践探索中，能将艺术、科学和技术三者紧密结合，又触及全部认知领域。达·芬奇的手稿还向我们表明了他的创作初衷及其发明创造的正统性，这种正统性来自传统文献。又因古代、中世纪甚至当代的诸多专家学者，如数学家卢卡·帕丘里的帮助，他的研究才能不断发展向前。在 16 世纪初，达·芬奇的"笔尖耐不住寂寞"，宣泄出他对科学研究的热情。

第一张帆式飞行器研究手稿，约 1493—1495 年（《大西洋古抄本》 第 70 页右部）

米兰地区的科学和文化

在意大利北方，也就是米兰和帕维亚之间的大学教育中心帕多瓦，这里与在洛伦佐·德·美第奇统治下的佛罗伦萨城的学术环境大有不同。达·芬奇在 1482 年来到米兰定居，我们不能认定这就是（译者加：达·芬奇改变研究路线的）真实原因，但也不能忘记，达·芬奇在他的故乡（译者注：即佛罗伦萨）时更接近伦理哲学，伦理哲学的研究者乐于追寻对人类高尚文明的定义。

事实上，洛伦佐·德·美第奇曾出资为哲学家马尔西利奥·费奇诺（Marsilio Ficino）建造新柏拉图主义的学院，而研究者们在那里研究、阐释着柏拉图的作品，探索着社会秩序的运行模式，所有的这些都是为了揭示人类尊严和精神的优越性。

米兰地区反倒是推崇实用主义的，这片土地看似一马平川，却被弗朗切斯科·斯福尔扎开凿的运河、沟渠密密麻麻地切成了小块。因此这里的工业充满活力，农业和商业也随之发展了起来。这里的大学教育重视对物质世界的研究，也就是研究自然。这种亚里士多德式的自然哲学教育，后来被牛津和巴黎的知名学府继承并发扬，但早在中世纪就已在意大利北方地

图 1.《洛伦佐·德·美第奇肖像素描》，达·芬奇速写，约 1483—1485 年（出自《大西洋古抄本》第 902 页右部，此图为《温莎手稿》第 12442 页右部）

图 2.《卢多维科·斯福尔扎肖像》，此为"斯福尔扎家族祭坛装饰屏"局部，伦巴第地区佚名画家作，15 世纪末期，藏于米兰的布雷拉美术学院画廊

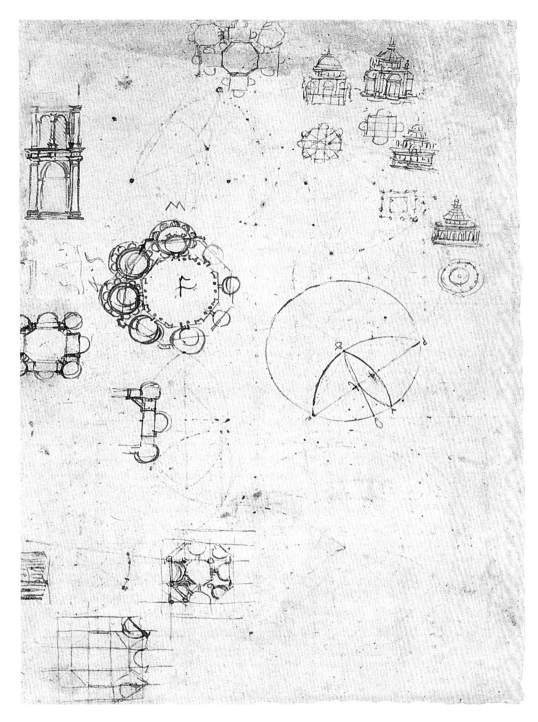

图 3.《帕维亚大教堂建筑研究》，约 1487—1490 年（《大西洋古抄本》第 362 页右页之 b 页）

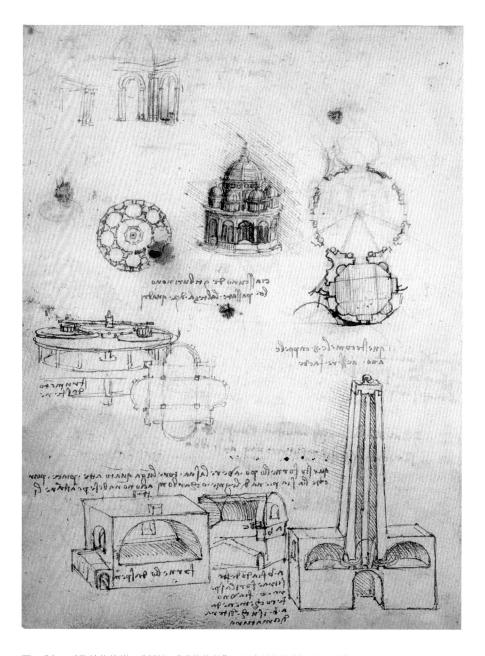

图 4.《中心对称结构教堂、反射炉、"球体构件"即聚光镜制作的研究手稿》，约 1487—1490 年（《手稿 B》 第 21 页左部）

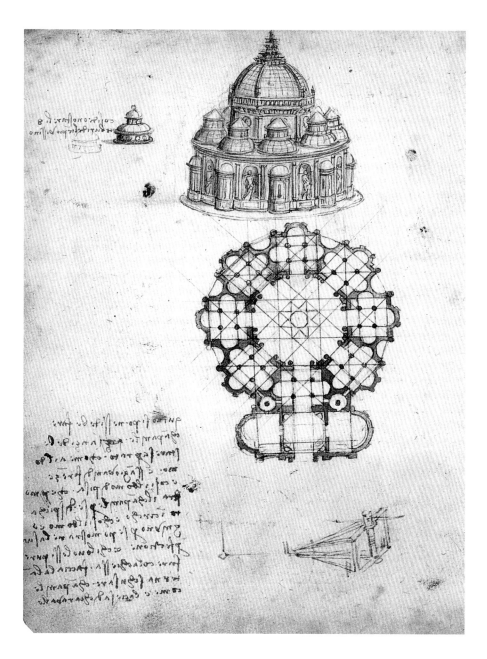

图 5.《中心对称结构教堂研究》，约 1487—1490 年（《阿什伯纳姆抄本》第 5 页右部）

区普及了。达·芬奇在米兰很快就接触到当地科学、文化领域的佼佼者。公爵卢多维科·斯福尔扎也鼓励他研究各类艺术，还给他各种机会去接触学者，与他们辩论、切磋。这些学者也包括来自帕维亚的大学教授。后来，就连达·芬奇自己也成为其中一员。

米兰和帕维亚地区的科学教育通常是一种家族事业，例如马勒利亚尼（Marliani）家族。

在医药学家、数学家乔瓦尼·马勒利亚尼（Giovanni Marliani）离世后不久，达·芬奇便通过他留下的那些编辑或还未编辑过的代表作品，接触到他的儿子杰洛拉莫（Gerolamo）和皮耶·安东尼奥（Pier Antonio），并且他们同样专注于数学研究："在代数学上，小马勒利亚尼能和他们的父亲比肩。"

另外，达·芬奇尤其关注马勒利亚尼对光影关系的观察研究，这也是他在1490年前后不断探索的主题。不过马勒利亚尼的论著全用拉丁文书写，但达·芬奇的拉丁文水平才刚刚入门，这就可能需要一些朋友帮他翻译和讲解这些作品，也只有这样，他才能讨论文中内容，至少是和自己讨论："怎么可能制造出不投射阴影的致密物体？这么说来马勒利亚尼的学问是错误的。"

达·芬奇在吸收古代和中世纪的知识、学问时，还反复进行试验论证，并将科学知识的可重演性需要经过数学论证的道理视为一条理性法则："任何知识的确定性都不能在尚未进行数学验证，或未与数学知识统一之时得出。"观察和经验因此就成了物理法则推论中的前提："我所指的是先找寻一种经验，再通过理性展现出这种经验是何以通过理性模式运行的。这是真正的原理，就好像思考者在面对自然现象时所做的那样。"

从此以后，达·芬奇对传统、对何为"真正的科学"之定义的质疑，超越了概念分析的层面，他认为："人类所做的一切考察，若没有经过数学论证，都无法独立地成为真正的科学。但如果你说，那些从始至终都在大脑中思考的知识具有真理性，那也不对，并且有很多理由都能否定它，重要的是在这些思考过程中没有经验的参与，也就无法让我们感知到它的确定性。"

图 6. 图 5 所示教堂设计的木质复制模型，1987 年，藏于佛罗伦萨的科学史研究院博物馆

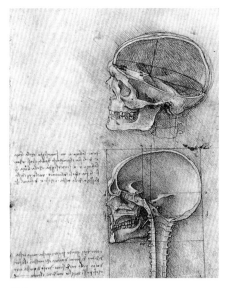

图 7

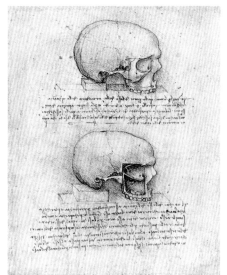

图 8

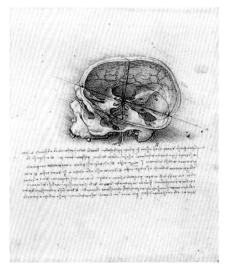

图 9

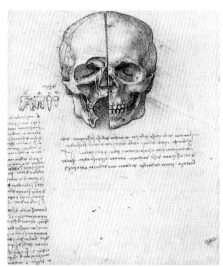

图 10

图 7—10. 这些手稿展示了头骨研究中的重心和比例结构，达·芬奇标示为"1489 年 4 月 2 日"作（分别为《温莎手稿》第 19057 页右部、第 19057 页左部、第 19058 页右部和第 19058 页左部）

智慧之核

所有这些思考都是从定居米兰的初期开始的，但达·芬奇和学者们的会面，并不总是友好和睦："他们说因为我不使用文字，所以无法完美地阐释我想论证的东西。"我们认为这条笔记和那些几何体素描都出自 1490 年前后，另外在下面还写了一句话："智慧的门徒，达·芬奇用透视法绘制的形体。"接着，他解释了自己想要阐述的重点："当我绘制这些形体时，我从未参考任何实物，这仅仅是用简单的线条画就的。"

透视学、比例学和机械学是艺术研究的基础学问中的核心部分，达·芬奇也将这些内容视为他在米兰定居初期的研究主体。在相关领域的古代和中世纪文献论述中，学者们仅仅通过数学计算来验证观察到的经验。如中世纪的著作，阿拉伯人肯迪（Al-Kindi）的《比例学》（*Trattato delle proporzioni*）。这本书在 15 世纪的米兰地区广泛传播，因此达·芬奇也能在书中找到作者的基本论调，他宣称："缺

少数学知识就无法理解哲学。"达·芬奇阅读的版本应该是乔瓦尼·马勒利亚尼评注的，经伟大的哲学家杰洛拉莫·卡尔达诺的父亲——法齐奥·卡尔达诺（Fazio Cardano）编辑的版本："法齐奥先生汇编的肯迪的《比例学》和马勒利亚尼的评注。"另外，法齐奥·卡尔达诺还出版过一本哲学家乔瓦尼·帕克汉姆（Giovanni Peckham）的《通用透视》（*Prospettiva communis*），达·芬奇还曾引用过其中一则著名的对光线的颂词（意大利文版）。

那么对达·芬奇而言，比例学到底是什么呢？1505 年的一条笔记告诉我们："比例学不仅仅是数字和尺寸，还是声音、重量、时间和方位，并可以发展成任何形式。"因此这就解释了达·芬奇在 1490 年前后对人体测量学的兴趣，从他对维特鲁威法则的图示化阐释，到对人体进行详细的测量，并通过分析法和比较法展现出头部、脚部或其他四肢之间的长度关系。

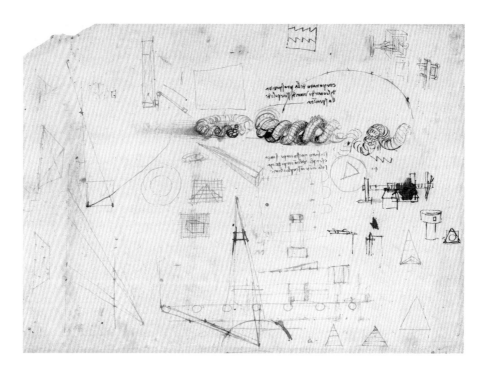

图 11. 引文"智慧的门徒,达·芬奇用透视法绘制的形体"出处,约 1490 年(《大西洋古抄本》第 520 页右部)

上述引文出现在达·芬奇《论绘画》(后人在达·芬奇死后整理的)的第一章中,他还在那一章节中提出了绘画是一门科学的观点。同样的内容在 1515 年创作的手稿中又重申了一次:"任何知识的确定性都不能在尚未进行数学验证,或未与数学知识统一之时得出。"

几何学研究

达·芬奇最初的解剖学研究是一组研究人体重心线和平衡关系的比例学图表。《温莎手稿》中那些著名的头骨素描，也同样展示了达·芬奇对图表画法的应用。为了在头骨剖面图中确定重心的位置，他所做的工作和几何体研究如出一辙。

我们知道达·芬奇在佛罗伦萨的早期工作中进行过几何学研究。当来到米兰后，他很快也展开了这一研究主题，还把研究成果应用在绘画、解剖学、光学、机械学和水力学研究上。对他而言，几何学研究是所有科学研究领域的基础，也是理解自然现象的根本所在。因此必须更深入地探索几何学问题。达·芬奇抵达米兰后得到了一个机会，在 1496 年，他认识了其数学导师卢卡·帕丘里，此人是皮耶罗·德拉·弗朗切斯卡（Piero della Francesca）的高徒，还是 1494 年于威尼斯出版的《算术大全》（*Summa di aritimetica*）的作者，达·芬奇也马上购买了这本书，还记录了当时的售价：119 色多[1]（相当于今天的 7 万美元）。

图 12. 卢卡·帕丘里著，1498 年版《神圣比例》的插图，本图标题为《十二面体的镂空截面图》

1.色多（Soldo）：意大利北部地区在 15 世纪使用的硬币。

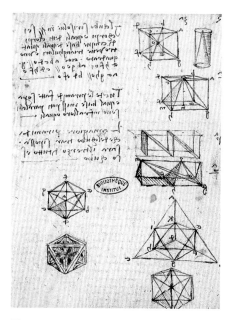

图 13

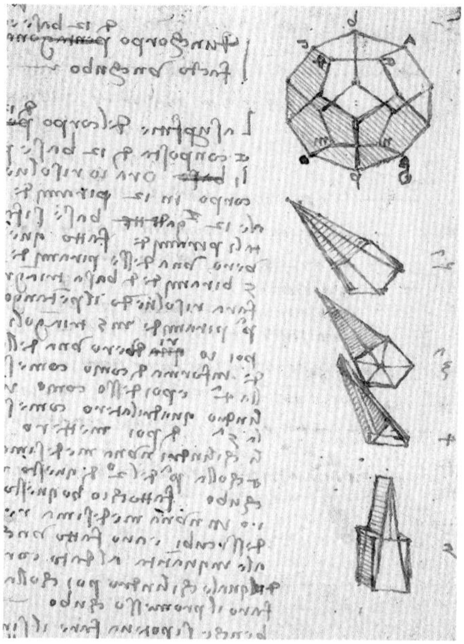

图 14

图 13—14.《多面体和立体几何学研究》，约
1513—1514 年（《手稿 E》 第 56 页右部），
1505 年（《福斯特 1 号抄本》第 5 页右部）

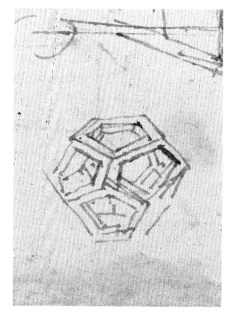

图 15.《十面体草图》，为一张建筑工事研究
手稿的局部，约 1503—1504 年（《大西洋古
抄本》第 942 页右部）

图 16. 在一张解剖学研究手稿上绘制的《建筑应用领域几何学原理图示》，约 1485—1487 年（《温莎手稿》第 12608 页右部）

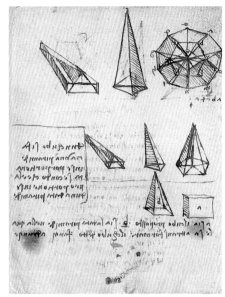

图 17

图 18

图 17—18.《多面体和立体几何研究》，1505 年（《福斯特 1 号抄本》第 13 页右部、第 13 页左部）

　　经帕丘里的帮助，达·芬奇的几何学研究之路走上了正轨。这条路或许有些狭窄，他在复杂深涩的欧几里得几何学定理间蹒跚前进。并且他几乎从头开始学起，从介绍基本知识的最初三卷书着手，去探查构筑几何学大厦的根基。又带着几近福音派[2]的谦卑之心，一步一个脚印，像个勤奋的小学生那样，在解决了一个问题后才敢进行下一个问题的研究。但达·芬奇那时已经 45 岁了，他刚完成自己的旷世杰作《最后的晚餐》，而这幅作品也为我们展现出他在表现空间时持有的一种必要意识，即通过几何和谐的方法来重现空间造型。接着，他还准备超越自己，他在 1498 年用几何 – 植物造型的花纹绘制了木板室[3]的装饰。

　　此时的帕丘里正在撰写那部让他功成名就的重要作品《神圣比例》（De divina proportione，1498 年于米兰成稿，并于 1509 年在威尼斯出版），达·芬奇则为此书绘制插图——这是一组具有透视效果的几何体素描，从最简单纯粹的几何体

2.福音派（Evangelica）：是基督教新教运动中的一个派系，与基要派不同，福音派更为保守谦逊。
3.木板室（Sala delle Asse）：米兰斯福尔扎城堡中的一间房间，达·芬奇为其绘制装饰壁画。

图 19.《卢卡·帕丘里肖像》，雅各布·德·巴勒巴利，1494 年，藏于那不勒斯的卡波迪蒙特美术馆

（球体）逐渐变化为最复杂的多面体。这些几何体曾被制成水晶模型，以便人们一眼望穿它们的构造，形如画家雅各布·德·巴勒巴利（Iacopo de'Barbari）在 1494 年为帕丘里所画的一幅肖像画上的那个几何体。并且对每个几何体，达·芬奇都在同一视角下画出了它们的"镂空图"，也就是用网格结构来表现它们的构造。这种方法还被运用在展示肌肉造型的图示化插图中，达·芬奇用一种相近的方法描绘了肌腱的施力结构。

帕丘里在《神圣比例》中创造的这些图像，将 15 世纪全部的智慧洞见——从保罗·乌切洛（Paolo Uccello）到皮耶罗·德拉·弗朗切斯卡所做的实验，从经院哲学作者在论著中展现的比例观念，到柏拉图主义及神学的象征法则，再到马尔西利奥·费奇诺的哲学——全都融为一体。对达·芬奇而言，这些图像并不是抽象形体的绘画练习，其实是能够重新定义建筑造型的构成原则这一命题的一个途径，这是因为建筑设计就是对空间进行几何构建。因此我们不必惊讶，当伯拉孟特（Bramante）完成恩宠圣母堂（Santa Maria delle Grazie）建造后，达·芬奇立马就在这间教堂的饭厅里绘制了《最后的晚餐》。且如帕丘里所言，他的这部论著就好比一部《新式建筑学》。另外，这些插图还为那些在罗马被夸耀能以鬼斧神工雕刻复杂柱头，却对简单几何多面体无能为力的雕刻家指明了方向。

阿古斯托·马里诺尼（Augusto Marinoni）的有关达·芬奇和帕丘里两人关系的最新研究，让我们得以了解达·芬奇在其科学论著中所运用的知识结构及其局限性和意图。以至于我们能更好地理解达·芬奇的数学研究，尤其是几何学研究的发展脉络。同时这些研究还为我们揭示了达·芬奇对这项研究的决心和认真程度。重回佛罗伦萨后，他便笔耕不辍地投身于几何学的系统研究中，据当时一位学者所言，达·芬奇的"笔尖耐不住寂寞"。

达·芬奇的研究过程长期受到帕丘里的影响，即使在佛罗伦萨也一样。后来他们两人还一同编撰了一本新版欧几里得几何学著作，同《神圣比例》一起于1509年在威尼斯出版。因此这些年中，达·芬奇也从帕丘里处获得了很多帮助。

不过佛罗伦萨城也给予了达·芬奇不同的启示，如乔尔乔·瓦拉（Giorgio Valla）在1501年出版的一本科学百科全书，这部著作讨论了希波克拉底的"月牙定理"（lunule）以及有关"比例中项"（medie proporzionali）问题的研究，而1503年版新增的章节还涉及了阿基米德"化圆为方"的论证过程。

与此同时，达·芬奇还常流连于圣马可图书馆（Biblioteca di San Marco）和圣灵堂图书馆（Biblioteca di Santo Spirito），参考、学习有关光学和数学研究的书，如波兰主教韦特罗（原名：伊拉斯谟·丘耶克，Erazm Ciolek）和阿拉伯数学家海什木（Alhazen）的作品。另外在约1503—1505年间，当达·芬奇创作《安吉亚里之战》（*Battaglia di Anghiari*）时，他还把欧几里得几何定理的相关演算写在了绘画创作笔记上。不过直到那时，达·芬奇才刚准备好去面对有关立体几何与几何变形的研究，如"月牙定理"就是他在生命的最后阶段，一直到于法国定居后仍不曾放弃的研究领域。

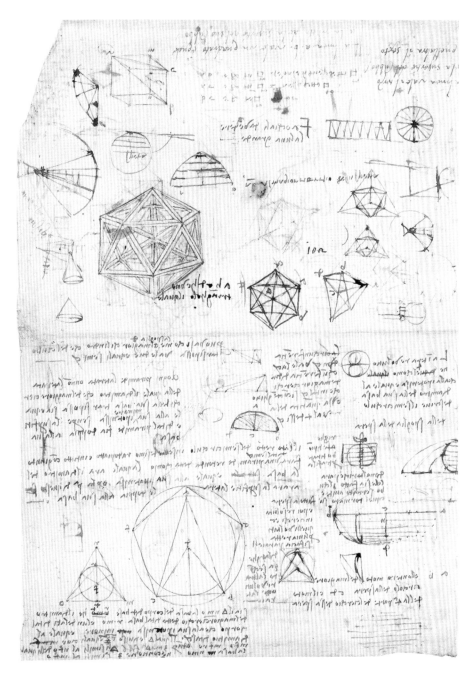

图 20.《立体几何研究》的中央高处有一则备忘录——"让眼睛能看到大大的月亮",约 1513—
1514 年（《大西洋古抄本》第 518 页右部）

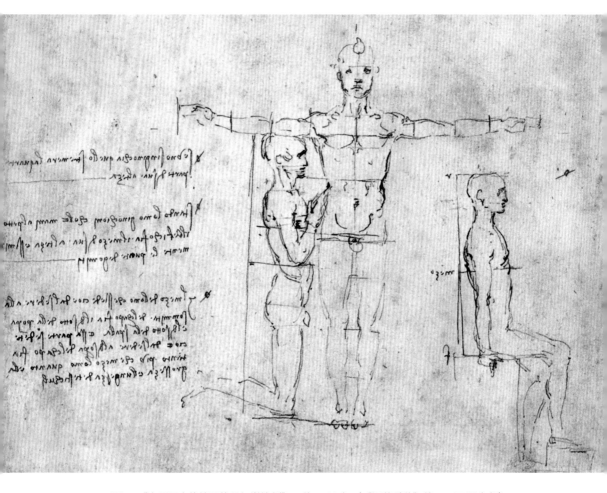

图 21.《应用于人体绘画的几何学比例》，约 1490 年（《温莎手稿》第 19132 页右部）

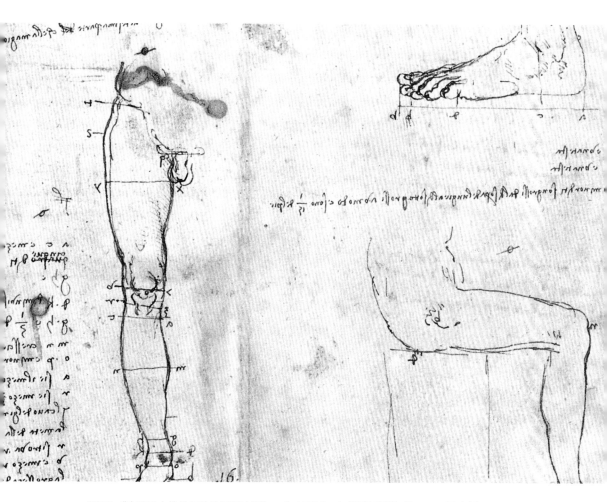

图 22.《应用于人体绘画的几何学比例》，约 1490 年（《温莎手稿》第 19136 页右部）

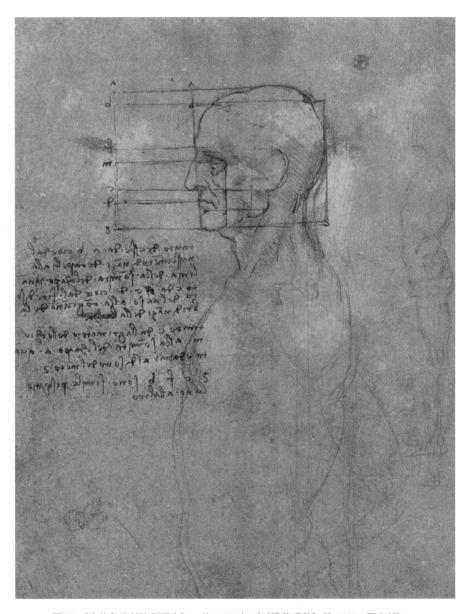

图 23.《人体和头部比例研究》，约 1490 年（《温莎手稿》第 12001 页右部）

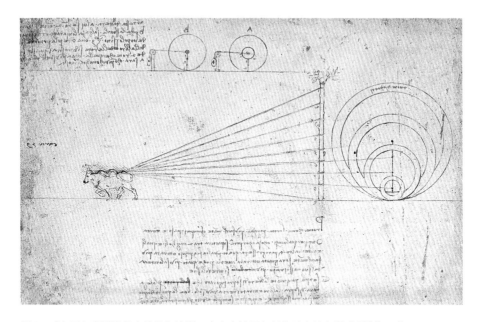

图 24.《应用在牵引设备中的几何比例：畜力之效用与其拖动车轮直径成反比》，约 1487—1490 年（《大西洋古抄本》 第 561 页右部）

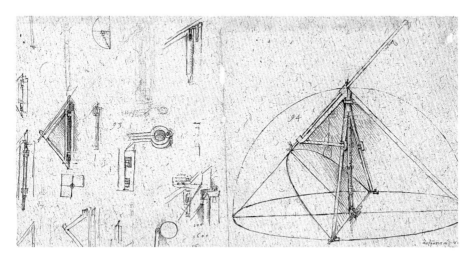

图 25.《抛物线圆规》，约 1513—1514 年（《大西洋古抄本》 第 1093 页右部）

图 26.《月牙理论研究》，约 1515 年（《大西洋古抄本》 第 445 页右部）

飞行法则

"鸟儿（译者注：指飞行器）是基于数学法则运行的工具，全凭人力驱动，驾驶员使尽浑身气力让它活动，但这不是所有的力量，他仅仅提供了驱动力。"经过反复修改却以流产告终的人造飞行器研究，是达·芬奇在米兰时期潜心研究的一个领域。后来在1500年，当他回到佛罗伦萨后立马启动的研究项目则专注于鸟类飞行模式的观察研究。1505年，达·芬奇完成了对鸟类在风中的飞行姿态的补充观察笔记，这些内容记录在一本充满机械学、水力学和建筑学研究的小抄本上。作为科学家，达·芬奇的分析思路采取类比法原则，他写道："通过圆周运动，这台装置才能上升至高处，并使用螺形结构做出一种迎风向上的反向运动。"接着他又分析道："这些近乎无限可分的小结构在不断组合交替之中，形成了一组螺形向上的运动，接着它们又回到起始位置，开启循环往复的运动，在这个回归过程中，那些结构缓慢地倾斜下降，接着重新开始运动，不断上升。"

这种螺旋运动是达·芬奇在生机勃勃的大自然中找寻到的。他通过观察水中的漩涡、血液的运动以及头发的生长发现了这种运动模式，并且他还在观察植物茎脉的造型规律时发现了现代植物学意义上的分形法则[4]。这也是一种生命力，如当时他在《丽达与天鹅》（*Leda col cigno*）中描绘的蜿蜒曼妙的姿态，或在《安吉亚里之战》中描绘的奔腾冲撞着的骏马一样。

也是在这一时期，大约是1505年，达·芬奇还孕育了滑翔机和扑翼机的想法。这些机器后来在佛罗伦萨郊野菲耶索勒（Fiesole）地区的切切里（Ceceri）山顶起飞。1550年，杰洛拉莫·卡尔达诺回忆了那些飞行器试验："他尝试飞翔却总是徒劳。他是一个杰出的画家。"

不过飞行器研究在不同层面上仍继续发展着，并更具科学标准和比较研究的意义：达·芬奇进行了飞禽与人体的比较解剖学研究，他也把风的运动方式类比为水的运动方式。1510年以后，他一如既往地进行着这项研究。"你研究鸟类翅膀解

4.分形法则：当图形的每一个局部都等于其整体的缩小形状时，这种图形就是分形。很多植物的根茎和叶片的形状都属于分形图形。

图 27—28.《滑翔机翅膀研究》，约 1505 年（《鸟类飞行抄本》第 16 页左部、第 17 页右部）

剖时，就会发现连接翅膀的胸肌正是它们的发动机。这好像在人体解剖学中展现出一种可能性，也就是人也有可能通过拍打翅膀停在空中。"

今天，这些研究手稿都保存在英国的温莎城堡中，被断代为 1513 年的作品。

但令人诧异的是，达·芬奇在这一时期重拾了最初的信念，他相信人类的肌肉力量足以完成飞离般的起飞动作。

就在最近，美国加利福尼亚州帕萨迪纳的一位飞行员——艾伦·布莱恩（Allen Bryan）证明了达·芬奇的设计行之有效。

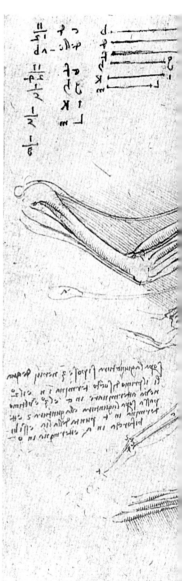

图 29.《滑翔机驾驶员的平衡性问题研究》，约 1505 年（《鸟类飞行抄本》
第 5 页右部）

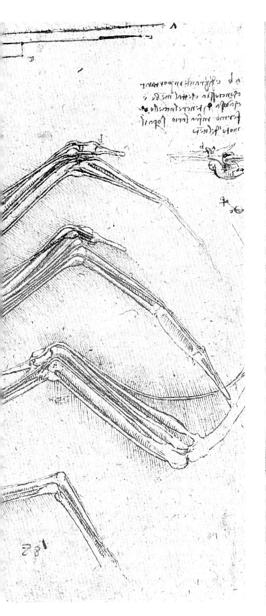

图 30.《鸟类翅膀解剖》，约 1513—1514 年（《温莎手稿》第 12656 页）

图 31.《扑翼机飞行员操纵姿势示意图》，约 1487—1490 年（《手稿 B》第 79 页右部）

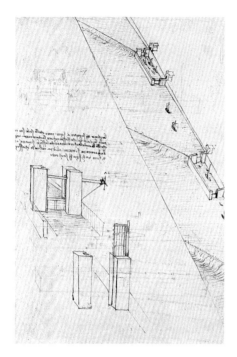

图 33.《内河航运的封闭系统设计》，约 1485 年（《大西洋古抄本》第 28 页右部）

图 32.《内河航运的封闭系统设计》，约 1480—1482 年（《大西洋古抄本》第 90 页左部）

图 34.《水流运动路径应障碍物而变》，约 1508—1510 年（《温莎手稿》第 12660 页左部）

而在晚年，即 1513—1514 年左右，达·芬奇仍在进行气流研究，并借此表达了他对"真正的科学"这一术语的定义，也就是说理论必须通过观察和实验才能构建起来，因此就需要把气流问题看成水的流动问题来研究。与本书第 4 页所引的著名笔记不同，这一次，达·芬奇开创了流体科学。

对水这种"自然载体"的研究，是达·芬奇自定居伦巴第初期就高度关注的研究主题。后来这一主题几乎渗透进全部的研究领域中，但还缺少对物体入水过程的研究，否则就能完成一部共计 14 卷的巨著。即使在晚年，达·芬奇仍在撰写这部论著。

图 35.《大洪水》系列素描之———咆哮的湖水冲破岸堤的场面，约 1515—1516 年（《温莎手稿》第 12380 页）

而自 1508 年起，达·芬奇的水流及漩涡研究更为丰实，并且这些严谨精确的几何图表并非局限在文本插图的层面。当他描绘大洪水恐怖壮阔的惊人景象时，整页手稿竟只字未写，全然是对纯粹能量和灾难事件的展现，世间万物都被这种能量卷入冲走，而大洪水又只是自然变化过程中不可避免的一环。一切动植物，甚至是人类都被和声般共鸣的愤怒压倒、击垮。世界中全部可感知到的存在都被达·芬奇细心又认真甚至充满爱意地研究、描绘了出来，又都被自然统摄一切的强权泯灭殆尽。

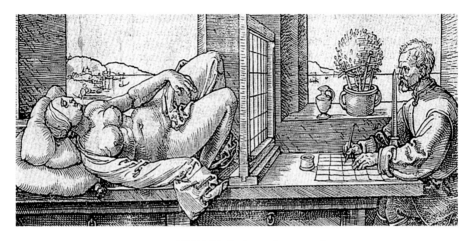

图 36. 丢勒绘制的《透视画屏》，1525 年

认知工具

有记载称达·芬奇为了简化艺术创作过程，曾发明过各种各样的工具。事实上他在笔记中也提到了这些工具，其中一些在后来甚至还被丢勒认可、接受了。

达·芬奇青年时期在《大西洋古抄本》上绘制的透视画屏（prospettografo），之前也被莱昂·巴蒂斯塔·阿尔伯蒂（Alberti，L.B.）描绘过，这是现代照相机的古代原型，它让艺术家能够逼真地重现实景，也因此还被认为是科学探索的一种象征，以至于在年轻的观察者眼中，这就是艺术家必备的工具。

椭圆规（L'ellissografo）因阿拉伯数学家而闻名遐迩，达·芬奇则将其视为一种机械装置，这台装置可以把椭圆曲线的平切过程平面化地呈现出来。他曾以不同视角绘制了这件工具的素描设计图，其中遗失的一张在当时广泛流传，被其同时代人反复临摹复制，也包括丢勒。

这件工具后来在 1953 年被制成模型在博洛尼亚展出。它由三条支撑腿组成，构成一个三角形，第三条腿的外侧装有一根带墨水的笔管，能用其画出一个完美的椭圆形。这件工具对有精度要求的机械学研究，如天文钟椭圆表盘的绘制很有用，其中几例可参看《马德里 1 号抄本》的第

图 37.《透视画屏》，约 1480—1482 年（《大西洋古抄本》第 5 页右部）

24 页右部。

　　威尼斯的马尔恰那图书馆（Biblioteca Marciana）收藏着一部由本韦努托·迪·洛伦佐·德拉·格尔帕加创作的抄本，其上用素描记录了本韦努托之父和当时其他学者的创新发明，也包括达·芬奇的作品。与这些名字一同出现的还有一张可控开口圆规的设计图，这是 1494 年左右，达·芬奇在《手稿 H》的第 108 页左部上画的，现藏于巴黎。

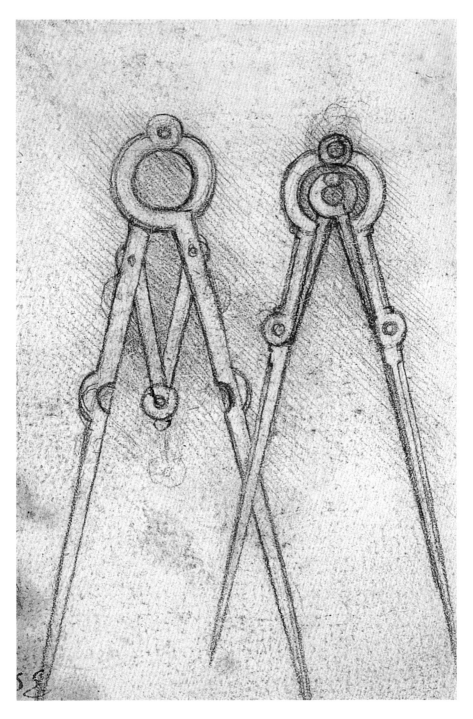

图 38.《可控开口圆规设计》，约 1494 年（《手稿 H》第 108 页左部）

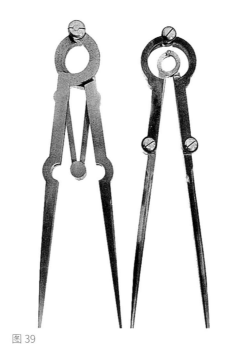

图 39

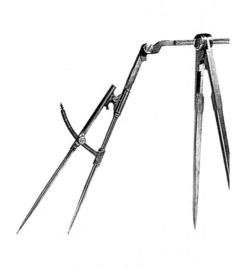

图 40

图 39—40. 可控开口圆规的现代复制品（1953 年展览于博洛尼亚）

第三章
造物之人

◀◀◀

　　达·芬奇的每个机械学创想都曾受到自然现象的启发，以至于他断定人类只是一种有生命的机器，却又是一台任何发明天才都无法实现的机器，其中只有极少部分能被人用机器模拟重现。这正是达·芬奇的技术学观，而从中孕育出的那些迷人创举——战争机器和市政工程设备：从装甲车到直升机，从潜艇到自动机[1]，再到巨型挖掘机，等等——直到最近才被我们建造出来。而达·芬奇使用相同的素描技巧绘制解剖学和技术学插图，这一现象正为我们证明了这两种学术领域之间的紧密关联。

1.自动机（automa）：以发条为动力源，能够自己运作的机器。

《挖掘机设计》，约 1503 年，局部（《大西洋古抄本》第 3 页右部）

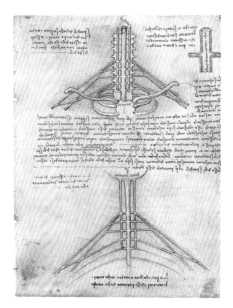

图1—2.《人体机械学研究》，约1508年（《温莎手稿》第19040页左右对页）

　　《蒙娜丽莎》《最后的晚餐》以及1482年写给卢多维科·斯福尔扎的信，都是人尽皆知的作品，也是达·芬奇作为艺术家、科学家、发明家誉满天下的代表之作。那么，若想了解达·芬奇的艺术，就应追随他的思绪，深情又理性地探索自然，探寻自然的规律。

　　这条求知之路浮现在他的笔记和素描之间。我们会发现，对他而言，艺术作为一种创造性知识的表现形式，其实超越了科学的作用。它是表现人类感官意识——"思想活动"——的高级途径，它存在于蒙娜丽莎的唇齿间，存在于迷人的微笑里。

　　事实上，蒙娜丽莎的微笑由一组极难被人感知到的面部肌肉的细微运动构成，因此是任何机器都还无法复制的。达·芬

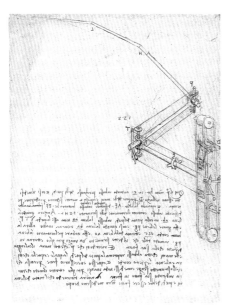

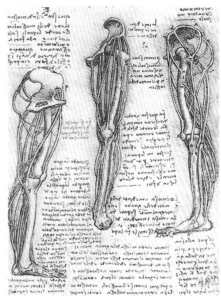

图 3.《滑翔机翅膀的机械学图示》，约 1506—1508 年（《大西洋古抄本》第 934 页右部）

图 4.《对用铜线制成的腿部肌肉解剖学模型所做的研究》，约 1508 年（《温莎手稿》第 12619 页）

奇心知肚明，这是嘴部 24 块肌肉的联动作用，但可以通过造型和绘影表现出来，"通过我的数学原理试图重塑这些运动"。这种研究方法也应用在他于 1508—1510 年的解剖学研究上，并使其得以定义人类身躯这类机器同人造机器之间的关系。

这种意识使他超越了自己的发明家身份："即使人类灵性创造了千姿百态的发明，也通过不同的工具达成了相应的目的，但没有任何发明能比自然造化更简洁明了、方便易用、美丽动人，这是因为大自然的造物已是大道至简，也就无以复加、不可超越了。"

机械狮子

达·芬奇令世人记忆犹新的一项发明，在他的笔记中无影无踪，也未留下多少线索让我们探查：那是一头机械狮子。最近我们才查明这台自动机是 1515 年在佛罗伦萨建造的，为了迎接法国新国王弗朗索瓦一世的即位，被安放在凯旋门[2]处。

佛罗伦萨的领主组织策划了这场节庆。对此，我们应该解释下，制作狮子的目的可能与两国联盟有关，并且"狮子"一词是双关语。来自美第奇家族的教宗利奥十世这么做其实是为了与伟大的君主结盟做一种象征性的进贡，后来就真的促成了法国国王的婶婶翡丽蓓塔·迪·萨沃伊（Filiberta di Savoia）与教宗弟弟朱利亚诺·德·美第奇（Giuliano de' Medici）的联姻，后者是达·芬奇的保护人。这时，达·芬奇在准备另一件带有政治意图的发明，这一次还要用更多的技术学知识——佛罗伦萨领主、教宗之侄洛伦佐·迪·皮耶罗·

德·美第奇（Lorenzo di Piero de' Medici）命他设计一座巨型宫殿用以代替原来的美第奇家族旧宫。

狮子是佛罗伦萨城的象征，一如多纳泰罗（Donatello）雕刻的那尊《纹章狮像》（*Marzocco*），另外利奥十世（Leone X）也能翻译为狮子（leone）十世。达·芬奇制作的是一台自动机，它能走向国王，并吸引他的注意，然后狮子将高抬自己的前爪，随即打开胸部暗门，一颗心脏跃然眼前，法国百合[3]掉落纷飞。这里的百合花其实暗指 15 世纪时，路易十一与佛罗伦萨共和国结盟时所用的鲜花。而这场象征性的表演标志着两国的友谊。

据乔安·保罗·洛马佐在 1584 年的描述，这台自动机堪称"人造奇迹"，并从另一个角度指明达·芬奇还能教人制作"行走的狮子"。这件事很有可能是真的，机械层面的具体建造应该是基于达·芬奇

2.佛罗伦萨的凯旋门：为教宗利奥十世修建的一座凯旋门形制的城门入口，现已不存。
3.法国百合：法国王室的象征，百合是王室旗帜和纹章上常用的纹饰。

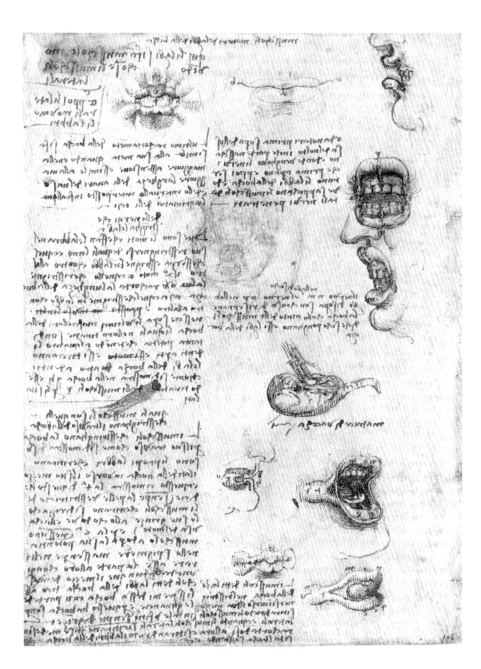

图 5.《嘴部肌肉研究》，约 1508 年（《温莎手稿》第 19055 页左部）

图 6—7.《狮头研究》，约 1500—1503 年（《温莎手稿》第 12586 页、第 12587 页）

图 8.《狮头造型的游行用头盔》，约 1517—1518 年（《温莎手稿》第 12329 页）

图 9.《可能为一台自动机外形设计所做的神话生物研究》，约 1515—1516 年（《温莎手稿》第 12369 页）

笔记上的描述和插图完成的，但这些手稿今天却遗失了。另外在 1600 年，为了庆祝玛丽亚·德·美第奇（Maria de' Medici）和法国国王亨利四世的婚礼，人们还曾复制过一台机器狮子。相关报道和文献也提到了达·芬奇的原型机，还描述了当时的情况。相对于达·芬奇的其他发明，毫无疑问，这头机械狮子是达·芬奇的机械学创想在其身后广为流传的最好例证。

具体实践

距我找到唯一可以证明达·芬奇设计的机器曾被制造出来的文献已经有50年的光景了。那是达·芬奇受邀为佛罗伦萨的人文主义者、商贾贝尔纳多·鲁切拉（Bernardo Rucellai）[4]发明设计的一台水流测量机，在1510年左右由意大利多莫多索拉（Domodossola）的手工匠人制成，有可能安放在鲁切拉位于瓜拉齐（Quaracchi）的庄园。这台机器还曾被达·芬奇的同代人记录引用过，有可能是其中一张建造设计图，因为在后来的图稿上，每一个机械零件都标注了具体尺寸。

我在1952年公布的一份文献材料，则是达·芬奇同代人创作的手稿，作者是本韦努托·迪·洛伦佐·德拉·格尔帕加，这份手稿现在保存在威尼斯的马尔恰那图书馆。手稿上描述并绘制了达·芬奇发明的两种机器：其一是可控开口圆规，事实上在达·芬奇于1493—1494年使用的笔记本（现藏于巴黎）上也能找到相同的素描；其二是可以"画出椭圆形轨迹"的椭圆规，有可能是为生产天文钟上的椭圆形表盘而设计的工具，如前文所述（第72页），达·芬奇的这个发明后来被阿尔布

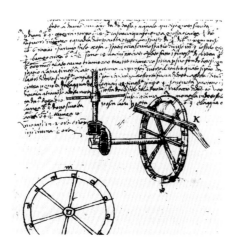

图10. 本韦努托·迪·洛伦佐·德拉·格尔帕加，达·芬奇为贝尔纳多·鲁切拉设计制造的水流测量机，约1510年（《马尔奇亚诺抄本》第7页左部）

图11.《鲁切拉水流测量机草图》，约1510年（《大西洋古抄本》第229页右部）

4.贝尔纳多·鲁切拉（Bernardo Rucellai）：银行世家鲁切拉家族成员，人文主义者，作家。

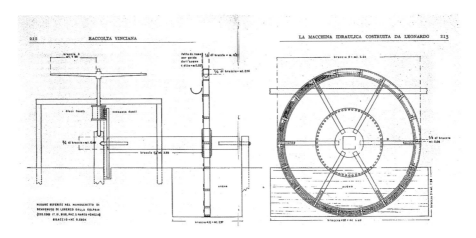

图 12. 卡洛·佩德列特，《按格尔帕加素描设计的鲁切拉水流测量机的 1：1 建造图》，原载于《达·芬奇研究》第 17 期，1954 年，第 212—213 页

图 13. 卡洛·佩德列特，《鲁切拉水流测量机模型设计图》，1953 年

雷希特·丢勒在德国广泛传播，一如收藏在德累斯顿的素描所证实的那样。

最近几年来，达·芬奇机械博物馆在全世界遍地开花，从意大利到法国，从美国到日本，这些博物馆主要展示基于达·芬奇手稿重新制作的模型，其中有不少还是达·芬奇写给卢多维科的信中列举的战争装备。此外还有飞行器模型（较多为振

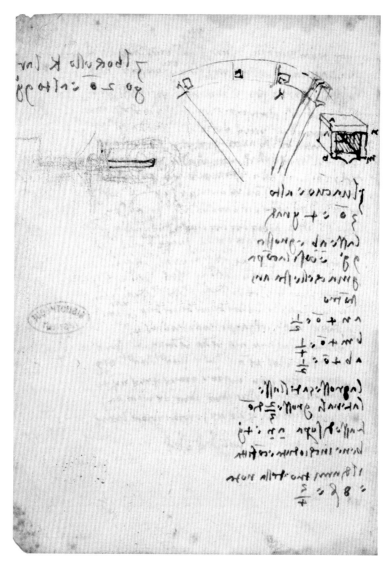

图 14.《鲁切拉水流测量机研究》，约 1510—1511 年（《手稿 G》第 93 页左部）

翅飞行模式的扑翼机，也有滑翔机），与航海相关的装置——比如潜水员的潜水服和水下进攻用的特别装备，以及运河挖掘机，等等。总的来说，这些模型往往以主题分类的模式展示出来，而不是按照时间脉络，因此也颇具戏剧性，或许这么做能更好地表现出达·芬奇在技术学研究中非比寻常的发展方向。

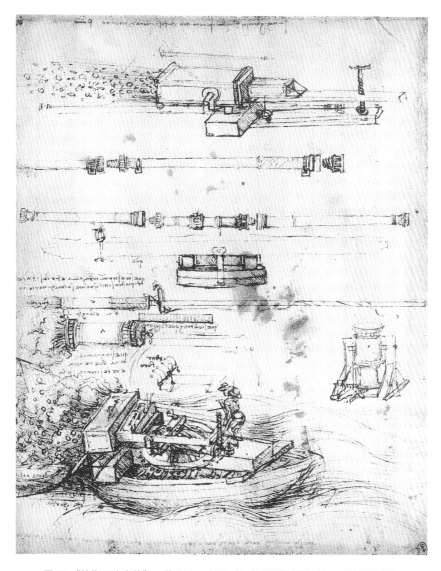

图 15.《航海用水力炮》，约 1487—1490 年（《温莎手稿》第 12632 页右部）

图 16.《军事装备素描》，约 1487—1490 年（《温莎手稿》第 12647 页）

机器与零件

1967 年发现的《马德里 1 号抄本》为我们认识、理解达·芬奇的机械学汇编笔记做出了极大贡献。这部分手稿主要涉及纺织机械和时钟，还包括被归类为"机械学要素"的机器构件研究，也就是说包括所有最基础的机械功能部件，即杠杆、滑轮、齿轮等。

这部抄本的重中之重是达·芬奇展现了一种用视觉语言有效呈现出技术概念的表现方法，也正凭借这种方法，其上所载的内容称得上达·芬奇发明创造中最具雄辩色彩的那部分。

这些素描的完成时间被断代为 1495—1500 年间，也就是达·芬奇绘制《最后的晚餐》，为斯福尔扎设计骑马纪念雕塑的那段时光。其中一张世人熟知的手稿（译者注：图 18），整页描绘了钟表内部的弹簧制动传力装置的机械原理，这里说的弹簧其实是被封闭在圆筒鼓中的。在此，达·芬奇展示了这台传力设备的运动

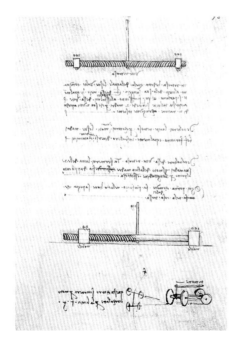

图 17.《反转螺丝与机车方向盘》，约 1495 年（《马德里 1 号抄本》第 58 页右部）

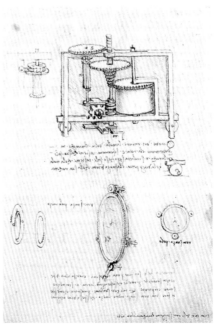

图 18.《弹簧发动机》，约 1495 年（《马德里 1 号抄本》第 14 页右部）

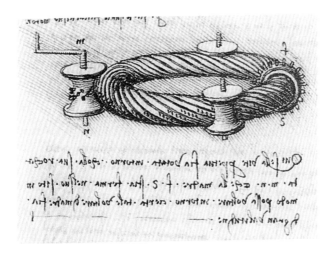

图 19.《环形蜗杆》，约 1495 年（《马德里 1 号抄本》第 70 页右部）

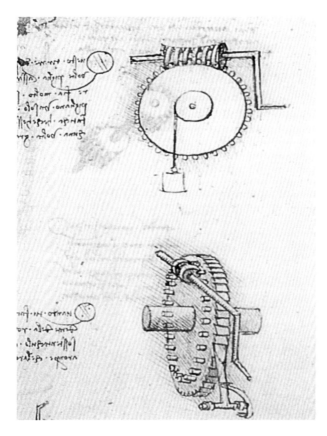

图 20.《连接齿轮的蜗杆》（《马德里 1 号抄本》第 17 页左部）

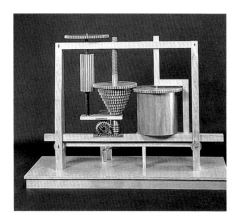

图 21.《弹簧发动机模型》，1987 年，藏于佛罗伦萨的科学史研究院博物馆

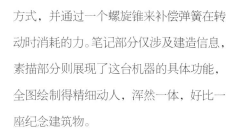

图 22.《连接齿轮的蜗杆》（《马德里 1 号抄本》第 17 页左部）复制模型，1987 年，藏于佛罗伦萨的科学史研究院博物馆

方式，并通过一个螺旋锥来补偿弹簧在转动时消耗的力。笔记部分仅涉及建造信息，素描部分则展现了这台机器的具体功能，全图绘制得精细动人，浑然一体，好比一座纪念建筑物。

手稿后一页同样是一幅具有建筑色彩的素描（译者注：图 23），其中描绘的机器是一种很难通过图像来解释具体功能的装置，达·芬奇却使用平面图和立面图清晰地将其呈现了出来：多个垂直轴在中心内圆开口处围合成一个正圆形，且每个竖轴都能同时沿着内圆切线向外移动。这里的研究主题是如何同时打开内部竖轴，借此或许能设计出巨型伞状帐篷的支架开合装置。达·芬奇的解决方案是使用一个连续的绳索系统，并且以放射状把滑轮安排在内外两缘，外沿滑轮被固定在基座上，

内沿滑轮则能旋转移动，同时与竖轴底部相连。只要转动被绳索缠绕住的辊轴，就会在内圆切线处对内沿滑轮施以统一的拉力，从而让竖轴同时向外旋转。

素描旁写有一段对机器的简短介绍，但仅说明了使用情况："中间的滑轮是可活动的，外围的滑轮都是固定住的。"因此，"当辊轴转动时，能做圆周运动，这是因为后方的滑轮能牵引前面的滑轮向后侧旋转，这些滑轮全是联动的"。

看到这张插图的读者定能发现前文的描述都多此一举了。因为素描本身就能解释所有。相似的例子在《马德里 1 号抄本》中层出不穷，而今天遍布全球的达·芬奇博物馆或达·芬奇特展中展出的机器模型的原始插图也是如此。

图 23.《"机械学要素"研究(杠杆与弹簧)》,约 1497 年(《马德里 1 号抄本》第 44 页左部、第 45 页右部)

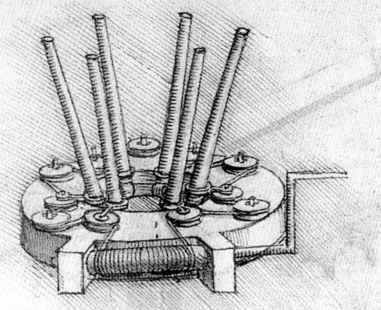

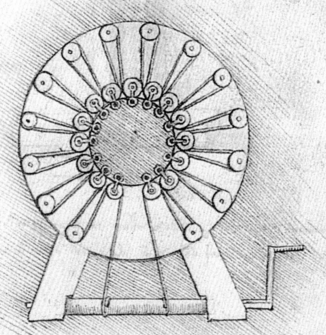

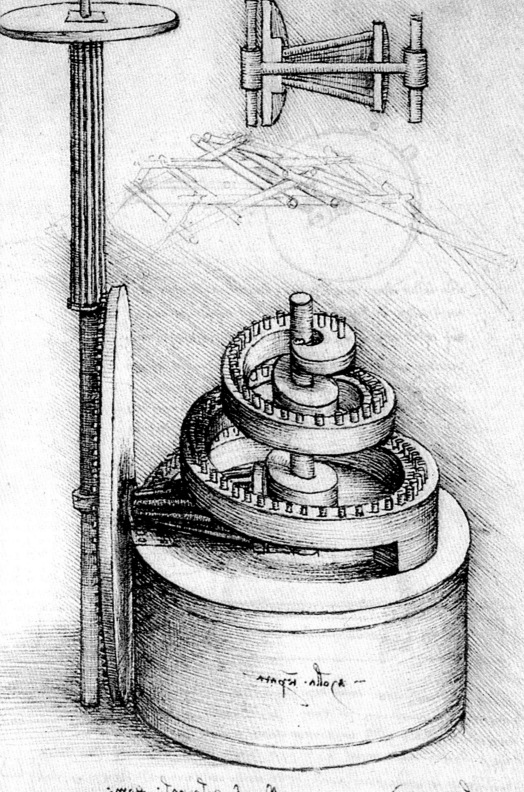

molla librata

·ma[r] ·[r]al[r]alo[r]a ·ilo· ·[r]·[r] ·po· ·on[r]o[r]i ·m·[r]· a[r]o[r]a·
o[r]a ·[r]lom[r]·· ·a[r]l[r]· ·a[r]u[r]ia[r]· [r][r]m[r]· ·a·mol[r]a
olo[r] ·o[r][r][r]· olo[r]· un[r]l·a[r]a· ·[r]la[r]e· l[r]· a[r]o[r]·· ·[r]lo·[r]olo
·o[r]am·· m·o[r]a[r]al··m·[r]am· a[r]o[r]a·ll[r]a[r]a·ma·[r]n[r]n· m[r]o[r]a[r]· ·o[r]i

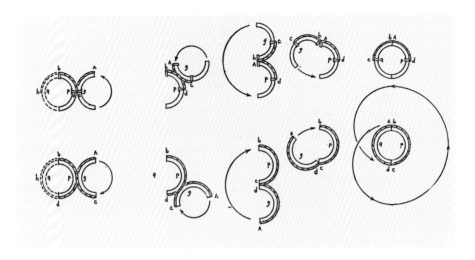

图 24. 詹姆斯·E. 麦克卡伯，《根据达·芬奇绘制的库留斯剧院制作的功能示意图》，1969 年

图 25. 詹姆斯·E. 麦克卡伯，基于图 24 制作的老普林尼文献中的库留斯剧院的功能模型

图 26. 詹姆斯·E. 麦克卡伯，基于图 24 制作的老普林尼文献中的库留斯剧院的功能模型

图 27. 詹姆斯·E. 麦克卡伯，基于图 24 制作的老普林尼文献中的库留斯剧院的功能模型

效法先贤

现代学者对达·芬奇技术学的研究很少关注其对经典技术学文献资料的参考。对这一问题，我们发现"机械学要素"的研究主题其实借鉴了老普林尼（Plinio）的巨著《博物志》（*Naturalis Historia*）。

但老普林尼的写作模式有其局限性，例如他描写著名的古罗马市政官库留斯（Curio）修建的一座巨型木制活动剧院时，称其被制成了两个部分，但能完美地拼合，当它们打开时则互相倚靠，成为两座能同时表演剧目的半圆形剧场，而当它们运动时，观众完全感觉不到任何异状。

老普林尼的著作止步于这些信息，从不讨论具体的实践内容。但达·芬奇酷爱收集这些奇闻，并把它们看成是需要解决的问题："我发现了那些古罗马的巨型作品是由两个半圆形剧场组成的，它们起先背靠背地倚着，然后所有人跟着这两座剧场一道转动，最终拼成一座圆形大剧院。"

接下来的笔记不再是对这两座半圆形剧场的运动方式的描述，而是用平面图将这一运动过程图示化地表现了出来：先是背靠背的样子，再是并排的模式，最后是面对面合拢的形式。这页手稿的主要插图则是闭合状态下的剧院内部结构的透视图。

看似天方夜谭，但达·芬奇最终抵达了16世纪众多杰出建筑师和技术学家从未到达的远方，他能像达尼埃莱·巴尔巴罗（Daniele Barbaro）、弗朗切斯科·马尔科利尼·达·福尔利（Francesco Marcolini da Forlì）、安德烈亚·帕拉弟奥（Andrea Palladio）和杰洛拉莫·卡尔达诺[5]那样讨论、解读老普林尼和维特鲁威的著作。作为一名画家，达·芬奇把这些奇想甚至是幻想变成了真正的技术。

事实上，这种技术学原理——他在经典文献中发现的"机械学要素"——同样曾应用在一种古代玩具（译者注：即今天的翻身板玩具）中，它由两块板子组成，上面的三根带子将板子绑在一起，有不同的打开方式，通常会有一样很薄的东西，比如一根稻草或者一张纸片插在一条或两条带子里。很难描述这件玩具的使用过

5.以上四位皆是文艺复兴时期意大利著名学者、翻译家。

程，但它在古代文献中被描绘成一种类似于钱夹的物品。毫无疑问，达·芬奇知道有这么个东西，因为贝尔纳提诺·鲁伊尼（Bernardino Luini）的一张画上，微笑的小孩手里拿着的正是此物。

用这种方式同样能将两个半圆形剧场合二为一。具体来说，使用一种由木块制成的铰链——形如自行车铰链一般，与之不同的是一条箍在剧场下方，另一条则连接顶部。但对于这种设计方案，解释与阐述不仅画蛇添足，还易增加读者的误解。

美国工程师詹姆斯·E. 麦克卡伯（James E. McCabe）曾供职于美国"阿波罗计划"的导弹工程项目，他在没有阅读设计说明的情况下，便独自找到了这项设计的解决方案，并制作出与达·芬奇的设计具有相同功能的模型。读者们可以通过达·芬奇留下的素描线索来尝试解决这一问题，也可以从工程师麦克卡伯绘制的图表中找到答案。

达·芬奇的设计手稿仅仅是对老普林尼文献中提出的技术学问题的一种设计方案，并没有解释此处应有的动力源。但显而易见，这种大型机器应该有一条辊轴连接，再让动物围着一个滚筒行走，从而制

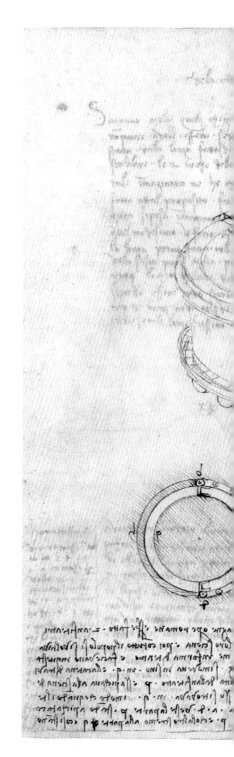

图 28.《库留斯剧院》，约 1495 年（《马德里1 号抄本》第 110 页右部）

图 29. 贝尔纳提诺•鲁伊尼，《玩耍的小孩》，即达•芬奇描述的库留斯剧院原理在古代玩具中的体现，此画下落不明。

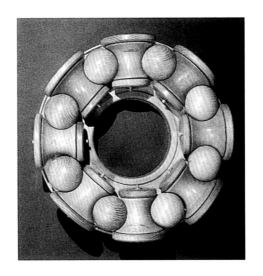

图 30. 滚珠轴承，1987 年，藏于佛罗伦萨的科学史研究院博物馆

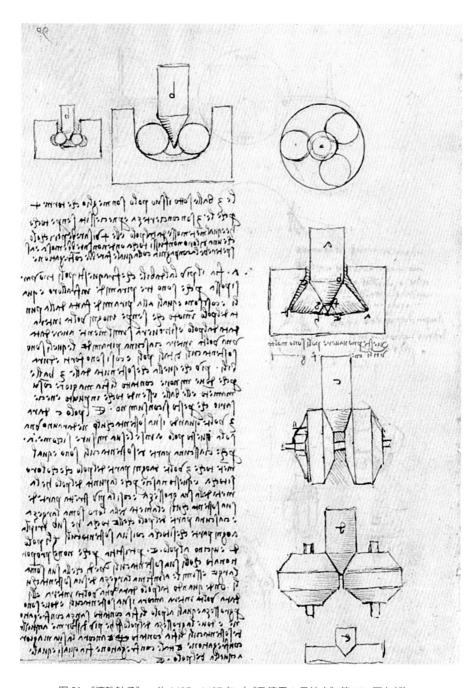

图 31.《滚珠轴承》，约 1495—1497 年（《马德里 1 号抄本》第 101 页左部）

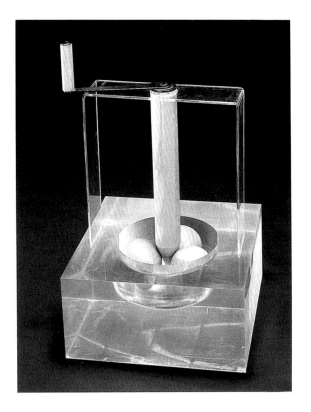

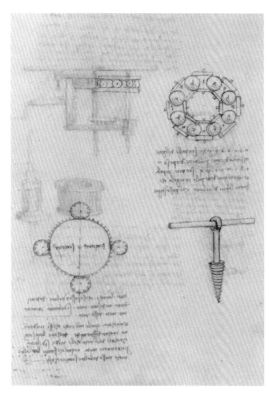

图 32. 滚珠轴承，1987 年，藏于佛罗伦萨的科学史研究院博物馆

图 33.《滚珠轴承》，约 1495—1497 年（《马德里 1 号抄本》第 20 页左部）

动辊轴。古罗马时期的技术学家早已认识到辊轴的应用能更方便地制动机械，比如在内米湖（Lago di Nemi）中发现的古罗马巨舰上的圆形转轮。

另外，达·芬奇还关注摩擦问题，同样在《马德里 1 号抄本》上，即上文所述

的库留斯剧院的出处，指明了现代滚珠轴承的设计方法。

撼动大地

达·芬奇几乎不曾设计或制造出超大型机械设备，当然那时也没有人能够模仿"古罗马的巨型作品"。但也有例外，那就是运河挖掘机，具体来说即《大西洋古抄本》中的两台挖掘机的素描，原先这些素描是画在同一张纸上的。

我们推测这张素描有可能完成于16世纪初，因为在那时，达·芬奇习惯把大型素描切割开来。另外，这里的用纸也接近于1502年创作的那幅著名的《伊莫拉地图》（*Mappa di Imola*）。很有可能，这两台挖掘机及其相关研究草图与技术制图，都和1503—1505年的笔记中记载的阿诺河改道工程有关。

不过这幅素描在20世纪60年代不幸被"修复一新"，因此整张素描完全一分为二，达·芬奇书写的笔记以及古代收藏者加注的连续数字便缺头少尾了（经"修复学家"的修理，文本变得断断续续）。在本人于1978年出版的《建筑师达·芬奇》一书中所刊印的几张手稿老照片上，这些数字还都是连续的，宛如达·芬奇方才画完了一样，这也证明了这两幅素描原为一体，它们有一样的绘画风格，表现的是同一条运河，并且有几条线还贯穿了两幅素描。

在右边那幅素描里，达·芬奇描绘的是一台传统挖掘机，即安置在河道上方的那台。我们认为这是维特鲁威建筑学体系中采用的挖掘机形制，它以一个由人工制动的大型滚轮为核心，当人们向后退去，这种设计结构能让起重机吊臂运行起来，并把河道上的淤泥移走。

显而易见，这是一场挖掘工程的工作间隙，人们让机器停止运作以便将其挪动到下一个预定地点。通过一种"场景式"素描的表现方法，达·芬奇从中展现出他所发明的那台机器的优点。右边那幅素描里的机器几乎在和左边那架同台竞争，它们被安放在同一条河道上。达·芬奇在河道内部铺设了轨道，当进行挖掘作业时，工人可以操纵吊臂做出类圆形的旋转运动，并同时在两个挖掘平面上上下开工（如素描右侧挖掘地点上的标记，当时的挖掘工具只有锄头和铁铲）。起重机吊臂通过中央竖轴可以做到横向旋转，同样也能从

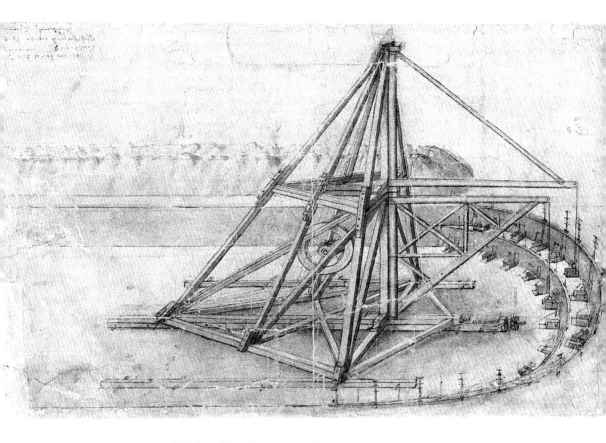

图 34.《挖掘机设计》，约 1503 年（《大西洋古抄本》第 4 页右部）

河床的沟壑里吊起挖出来的淤泥。安置在整体框架中心位置的滚轮则让需要运走的淤泥能从一个平面上升到另一个平面，从一条吊臂交换到另一条吊臂上。

达·芬奇天才般地应用了升降机的原理（这是达·芬奇手稿的笔记和素描中曾讨论过的内容）：当一箱淤泥吊到一处，并被清空后，工人站上吊板，他们的重力使其下降，又让另一个吊臂上的淤泥上升。这种操作模式如交响曲一般交替进行，一步一步完成作业，再通过使用预设轨道将机器向前推进。

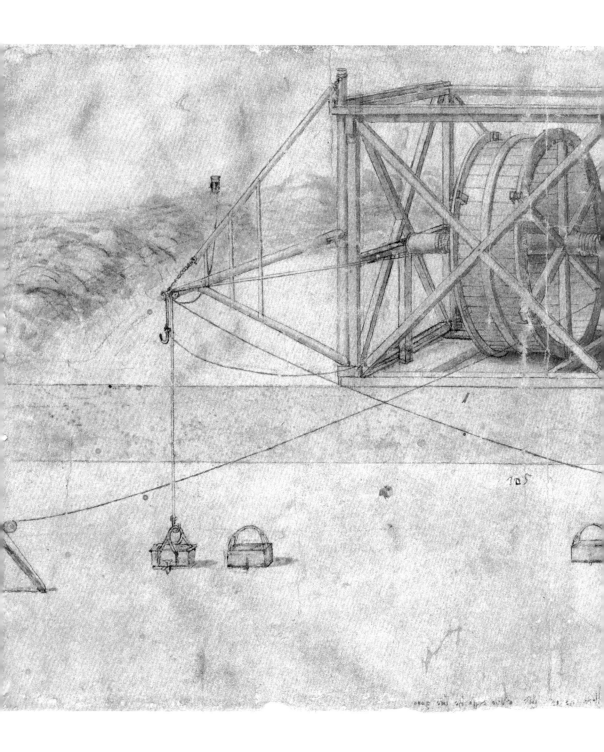

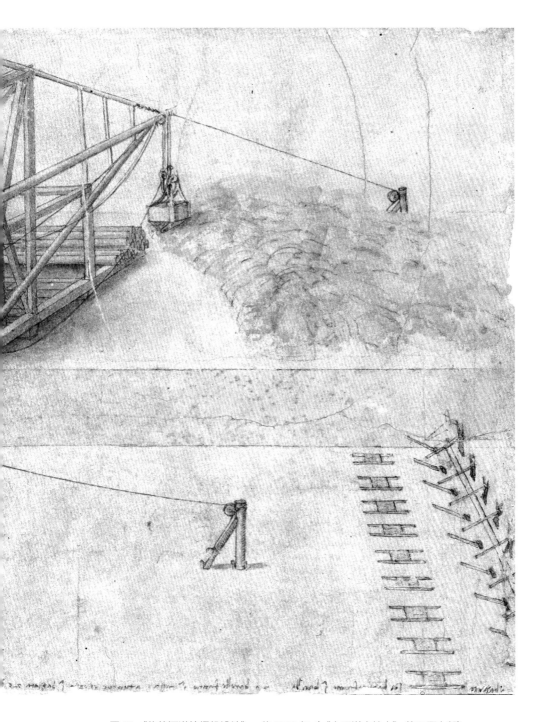

图 35.《传统河道挖掘机设计》，约 1503 年（《大西洋古抄本》 第 3 页右部）

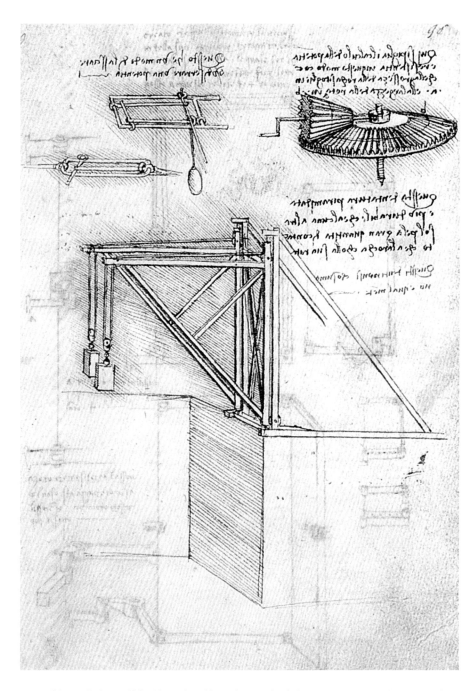

图 36.《应用平衡力原理的起重机吊臂设计》，约 1497 年（《马德里 1 号抄本》第 96 页右部）

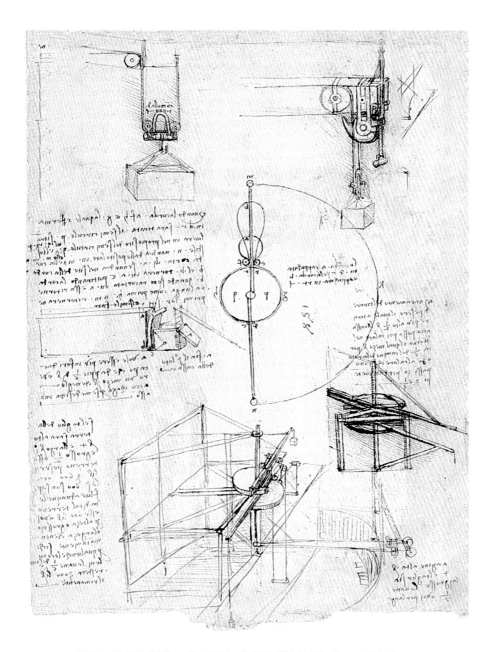

图 37.《挖掘机设计》，约 1503 年（《大西洋古抄本》第 994 页右部）

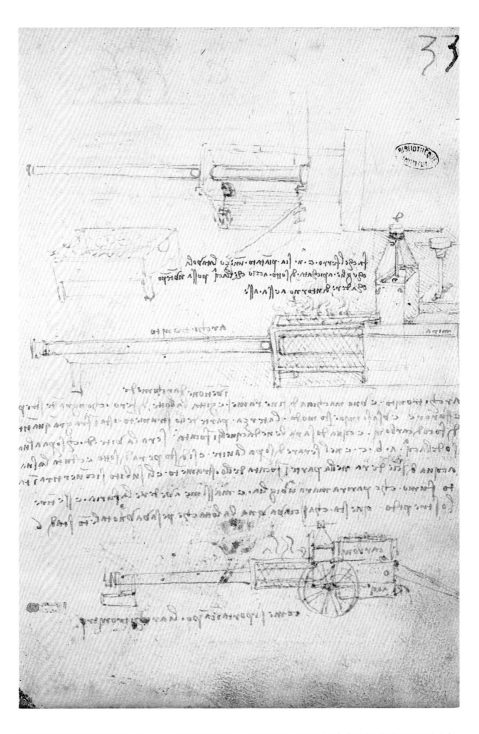

图 38.《阿基米德的蒸汽大炮——"九天雷鸣"》，约 1487—1490 年（《手稿 B》第 33 页右部）

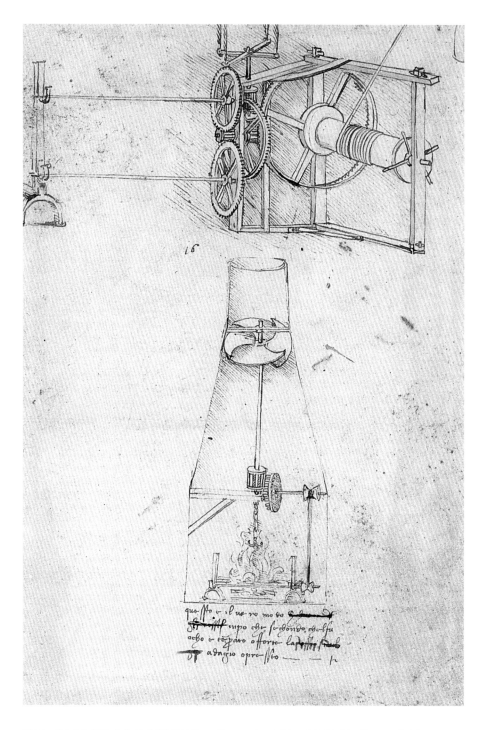

图 39.《热空气制动的旋转式烤架设计》，约 1480 年（《大西洋古抄本》 第 21 页右部）

蒸汽大炮

从彼特拉克（Petrarca）或其他我们还未确定的信息来源处 [有可能是历史学家、人文主义者朱耶勒莫·帕斯特伦戈（Guglielmo di Pastrengo）]，达·芬奇得知阿基米德曾建造出一门蒸汽大炮——"九天雷鸣"（Architronito）。因此他的这幅素描（译者注：图38）几乎可以确定是对中世纪和古代经典文献的一条注解。

与其相似的一种蒸汽大炮（韦那斯蒸汽炮[6]）则是在1861—1865年美国南北战争期间生产并投入使用的一种武器 [此处参考拉迪丝劳·瑞缇的《"九天雷鸣"的秘密》，原载于《达·芬奇档案》（*Raccolta Vinciana*）第19期，1962年，第171—184页]。

一般而言，蒸汽在工业领域中的应用应该追溯到19世纪初，从罗伯特·富尔顿（Robert Fulton）发明的蒸汽机轮开始，此人之所以广为人知还因他是潜艇的发明者。但反过来说，蒸汽的使用又肯定是古已有之的，如亚历山大港的希罗（Erone Alessandrino）发明的"汽转球"[7]，或维特

鲁威提到过的汽转筒，这些机器很有可能就是现代涡轮机的古代原型。

达·芬奇还从事各类热力学研究，当时他还确定了蒸汽机，甚至是内燃机原理。这些内容详见《哈默抄本》第10页右部和《手稿E》第16页左部，两者都约在1508年创作。

图40. 《韦那斯蒸汽炮》

6.韦那斯蒸汽炮（Winans Steam Gun）：由查尔斯·S.迪克逊于1858年设计，后由罗斯·韦那斯改良量产并投入美国南北战争中的一种武器。
7.汽转球：一个空心的球和一个装有水的密闭锅子以两个空心管子连接在一起，在锅底加热使水沸腾，锅中的蒸汽就通过管子进入球中，最后蒸汽会由球体的两旁喷出并使得球体转动。这只是一个玩物，并无实际功用。

另外，在达·芬奇所处的时代，也有用蒸汽实现实际功能的例子。他青年时期的那幅著名素描描绘了一台通过热空气制动的旋转式烤架，而这一设计方案早在 15 世纪的文献，从马利亚诺·塔克那（Mariano Taccola）到朱利亚诺·达·桑加洛（Giuliano da Sangallo）的论著中就已经出现过了。

《哈默抄本》所载的另一件装置（"水从气泡形瓶子的小气孔中喷出，猛地吹出来，变成了风，以此来增加火势"）并不是希罗的"汽转球"，而是接近于菲拉雷特（Filarete）提出的设想，如《摩洛人头像（蒸汽送风机）》，是一种能在壁炉里捅火的机器。

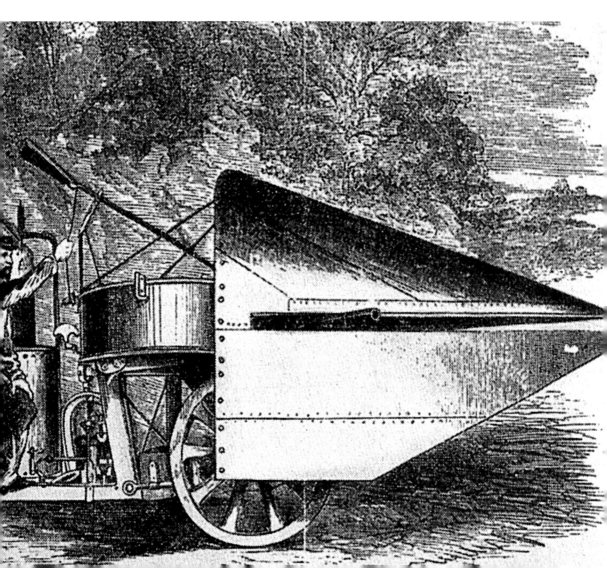

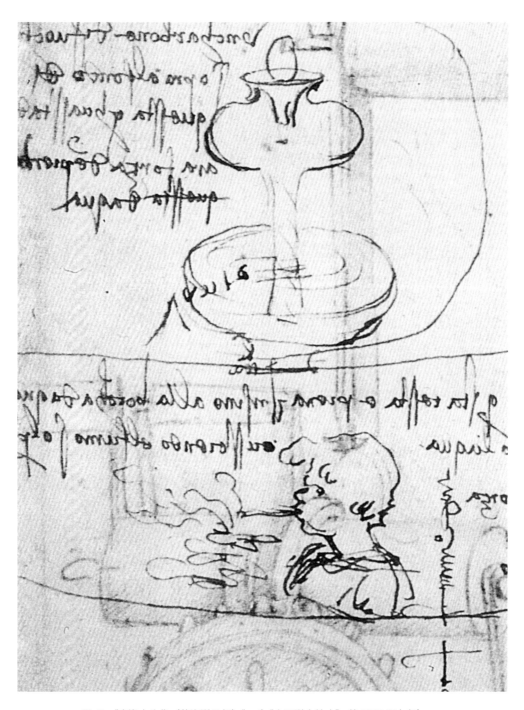

图 41. 《摩洛人头像（蒸汽送风机）》（《大西洋古抄本》 第 1112 页左部）

图 42.《哈默抄本》第 10 页右部，约
1508 年

图 43. 佚名作者，蒸汽送风机模型，此
图于 1995 年摄于佛罗伦萨的科学史研
究院博物馆

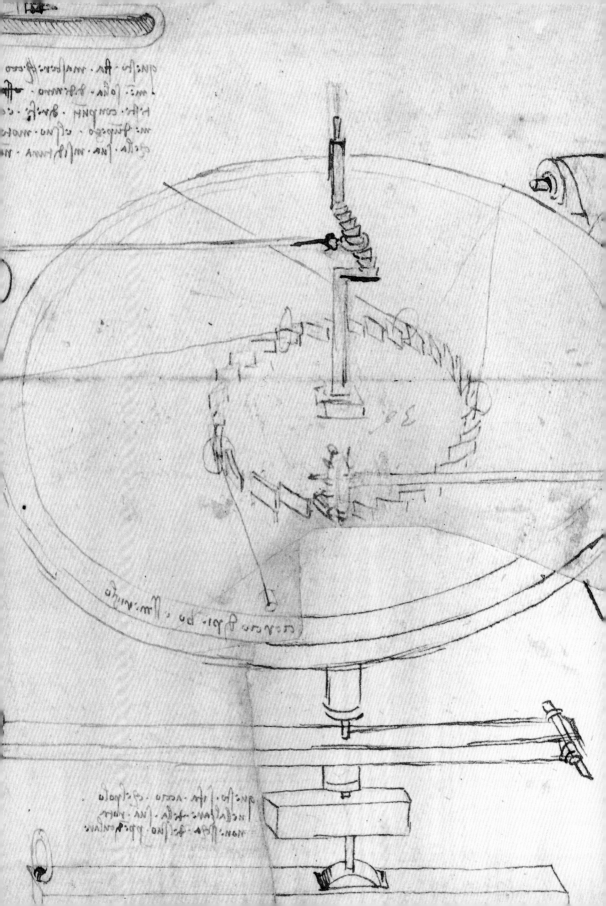

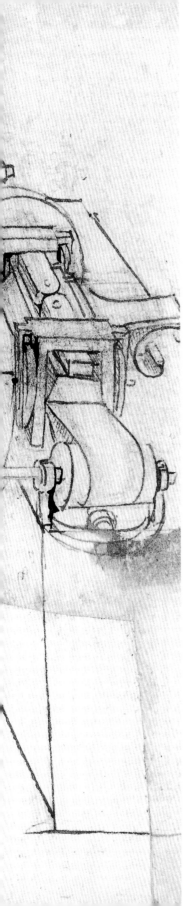

第四章
从舞美到工业

◀◀◀

　　15—16 世纪间，历经在米兰前后 20 余年激动人心的创作活动，达·芬奇凭借自己在技术学领域内的大量理论与实践作品定义了自己。

　　他是绘出《最后的晚餐》的画家，也是建造斯福尔扎骑马纪念雕塑的雕塑家，他还用取之不尽的天赋创作了舞台美术，改良了应用在米兰各工业领域中的自动化机器设计及其理论（主要是纺织领域）。这是针对现有机器所提出的天才般繁杂的改良建议，也是对看似并不实用的未来机械设计的无限坚持，那些未来机械好比今天的飞行器和潜艇。

《磨针机》，约 1495 年（《大西洋古抄本》第 86 页右部）

113

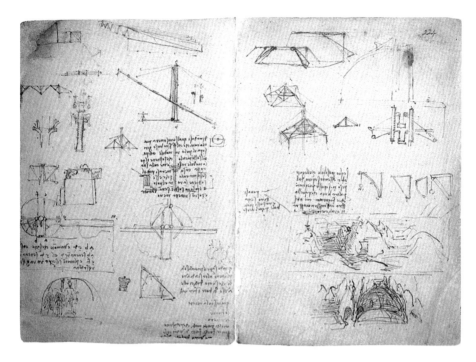

图1.《波利齐亚诺＜俄耳甫斯＞舞台转场装置设计》，约1506—1508年（《阿伦德尔抄本》第231页左部、第224页右部）

平衡力原理的应用——前一章最后讨论的问题——也在达·芬奇另一些技术学素描中出现过（也出现在《马德里1号抄本》的"机械学要素"一章中）。如前文所引（第79页），当达·芬奇讨论自然的至高无上特性时，事实上他还指出自然造物"并不适用平衡力原理"，这是因为自然已为每一台机器注入了统辖其运动的"灵魂"。

应用平衡力原理的另一个例子·是达·芬奇创作的一个圆形舞台设计方案，这个

舞美设计是为安杰洛·波利齐亚诺（Angelo Poliziano）在1506—1508年于米兰上演的戏剧《俄耳甫斯》（Orfeo）所作的。剧中有一场大逆转，那时需要同时打开舞台上的高山，让普路托（Plutone，译者注：罗马神话中的冥王，相当于希腊神话中的哈迪斯）从地狱里通过中心开口出现在舞台上。此处刊载的模型（图3—4，可活动的）是经加利福尼亚州大学洛杉矶分校戏剧系的帮助在1964年制成的，重制初衷是为了参加巴黎第四大学举办的文艺复兴戏剧大

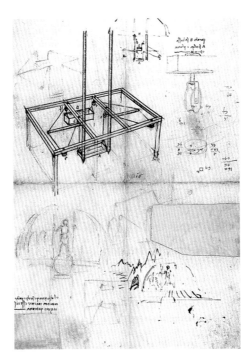

图 2.《波利齐亚诺＜俄耳甫斯＞舞美装置研究》(《大西洋古抄本》 第50页)

会。这样的模型在全球数以百计的达·芬奇博物馆中寥寥无几。

　　模型重制过程的重心，其实是要先探查一张16世纪的巨幅佚名手稿。这张手稿现藏于佛罗伦萨乌菲兹美术馆的素描和版画部，本人在1957年首次将其公之于众。这件手稿可谓达·芬奇众多遗失手稿中的一件技术学素描复制精品。更重要的是，这幅手稿如果未曾在1957年发表出版，那它将永远是修士们创作的无数还未编辑整理过的复制品中的一块碎片。另外，

这件复制品原为一体，后来才被切分开来。

　　收藏在佛罗伦萨的这张精彩手稿，它的画面风格指明其原作者正是达·芬奇，更重要的是，它好像又极力向我们证明达·芬奇的技术学创新思想在其身后广泛传播过。另一幅素描（译者注：图6）是还未被切分时修士们绘制的最大一块碎片。素描内容参考了达·芬奇一系列的"切割机"研究，就是一种在工业生产中制造"小碎片"——镶嵌于华服上的金属亮片——的机器。这一系列作品断代为

图 3

图 4

图 3—4.1964 年复制的模型

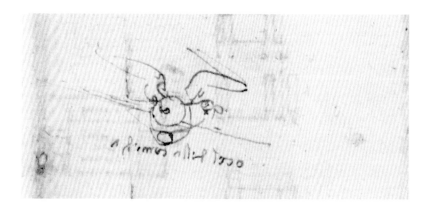

图 5.《戏剧用鸟》，一台为舞美表现而作的自动机，约 1506—1508 年，局部（《大西洋古抄本》第 629 页左部）

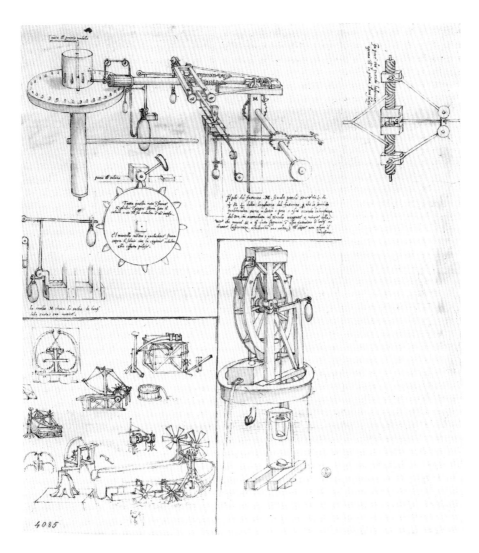

图 6. 达·芬奇机械学手稿复制品，原本已遗失，约 1530 年，藏于佛罗伦萨乌菲兹美术馆的素描和版画部，第 4085 号

1495 年前后，并被认为是达·芬奇参与、发展伦巴第地区的纺织工业时完成的。

其实在同一时期，他还在《大西洋古抄本》中进行了不少纺织机、自动纺纱机、起毛机等机械设备的拓展研究。

另外，这些机器后来还常被制作为模型，从当时的历史、经济、社会环境看，很有可能，至少在教学层面上，这些模型有效地复现了这些创举。

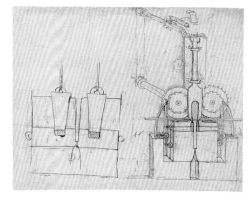

图 7.《"小碎片"（晚礼服上的亮片）生产中的切割问题研究》，约 1495 年（《大西洋古抄本》第 1091 页右部）

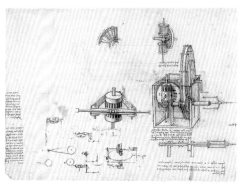

图 8.《有锭翼[1]的纺织机设计》，约 1495—1497 年（《大西洋古抄本》第 1090 页左部）

技术学素描

佛罗伦萨的这件复制品（图 11）还呈列了其他素描，只不过它们的原迹早已不知去向。

但就绘画风格而言，这应该是达·芬奇早年时期的技术学素描的复制品。现已找回的只有其中一张素描的原迹，可能是达·芬奇在 1478 年为《耶稣降生》主题绘画绘制的牧羊人侧身头像研究，其正反两面还有一些机械类素描。这些手稿应该是对《大西洋古抄本》中的早年时期手稿和其他手稿的总结，其中我们还能找到闻名于世的自走车研究主题——与其他出处并无二致，也就是达·芬奇所言的"自动车"（第 133 页）。

1.锭翼: fuso ad aletta，一种为了防止在纺织过程中挂线、挂纱的 M 形构件，即图 8 右侧的三叉细杆。

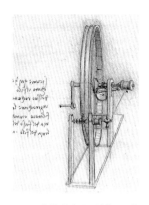

图 9.《缫丝机设计》，约
1495 年（《马德里 1 号抄本》
第 65 页左部）

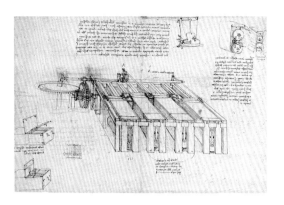

图 10.《大型机器剪毛机》，约 1513—1515 年
（《大西洋古抄本》第 13 页右部）

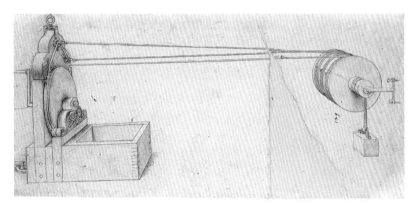

图 11.《打浆机设计》，约 1493—1495 年（《大西洋古抄本》第 29 页右部）

这份佛罗伦萨复制手稿的最后，还包括一幅奇怪的船舶设计图。这是一种用叶片式风帆制动的大船，因此我曾认为达·芬奇有可能借鉴了布鲁内莱斯基的"巨轮船"（Badalone）设计方案。此为内江轮设计领域中的传奇之作，它由伟大的佛罗伦萨建筑师发明，并获得了专利，其设计初衷是为了从比萨向佛罗伦萨运送建造圣母百花大教堂穹顶所需的大理石原料。但这个方案以失败结尾。

据当时的年鉴报告称，这艘奇怪的轮船搁浅在恩波利（Empoli）附近的阿诺河谷盆地处，此后便一直弃置于此。在达·芬奇所处时代，这艘船或许尚存，因此很

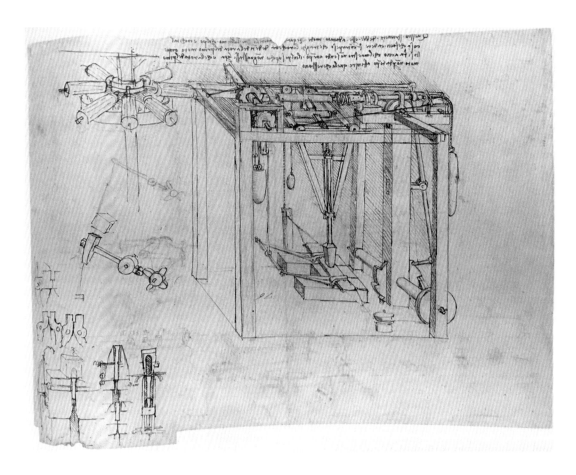

图 12.《锻造机研究》，约 1493—1495 年（《大西洋古抄本》第 29 页右部）

有可能童年时期的达·芬奇曾在芬奇镇[2]周边亲眼见过。

这虽是一种假说，但或许能解释，为何达·芬奇在少年时期就表现出对技术学的浓厚兴趣。之后不久，如前文所述（第12页），达·芬奇在韦罗齐奥的艺术作坊中，在建造圣母百花大教堂穹顶上的铜球时，触摸到另一种与布鲁内莱斯基技术学传统的连接方式。

2.芬奇镇：达·芬奇的故乡，与阿诺河的最近距离为14公里左右。

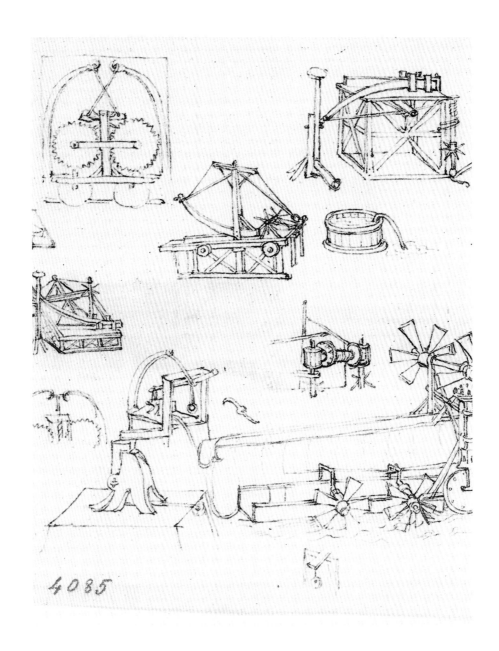

图 13.《叶片风帆船只设计》，达・芬奇遗失手稿复制件，有可能参考了布鲁内莱斯基的"巨轮船"，约 1530 年，藏于佛罗伦萨乌菲兹美术馆的素描和版画部，第 4085 号

当时的技术

达·芬奇技术学的方方面面，从最初到最后的机器设计方案，都与当时的技术有密切关联。对这一历史背景的研究并不会让人低估其创新发明的重要性，反倒是证明了其中的原创性，达·芬奇苦思冥想出的这些独立设计方案全都是为了改良、优化人们正在使用的机器装置。

在这之中，只有一个领域是达·芬奇独自研究的，那就是飞行器研究，可能还包括试飞实验。确有其事的是，13 世纪的百科全书作者罗吉尔·培根（Ruggero Bacone）提出过飞行器问题（达·芬奇对此有所了解），帕多瓦的建筑家乔瓦尼·丰大拿（Giovanni Fontana）也可能在 1430 年左右从事过这项研究。另外，15 世纪末在佩鲁贾曾实施过飞行器试验一事也有佐证，但这仅是 17 世纪的人的叙述，至今也没有任何文献确认佩鲁贾建筑家乔万·巴蒂斯塔·丹提（Giovan Battista Danti）曾在特拉西梅诺湖（Lago Trasimeno）试飞他发明的飞行器。不过，达·芬奇倒曾建议要在湖面上进行试飞实

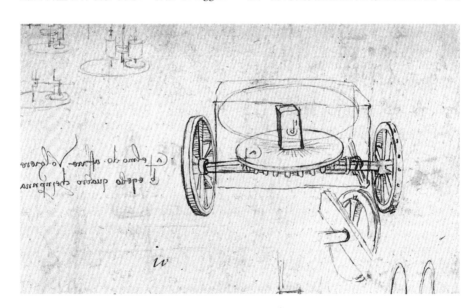

图 14.《自动车中的轮轴力传导系统（差速器）设计》，约 1478—1480 年（《大西洋古抄本》 第 17 页左部）

验，用以测定飞行器降落时可能具有的危险性。

有趣的是，达·芬奇还曾思考过飞行器与军事设施之间的关系。他在绘制降落伞时，曾指出这一设备能从任何高度安全降下，因此可以从一方高台或一座高塔上降落。另外，在1487—1490年间创作的相关飞行器的研究笔记，包括旋翼机，都收入《手稿B》中，而这部手稿的主要内容就是军事装备和军事设施的设计方案。

除此之外，在达·芬奇所处的时代里，人们常使用"雏鹰"或"飞行锹甲"来侦察敌情，其原型有可能是中国的风筝——这种"机器"能将人抬升到很高的地方。达·芬奇还在《马德里1号抄本》中留下了相关图示。

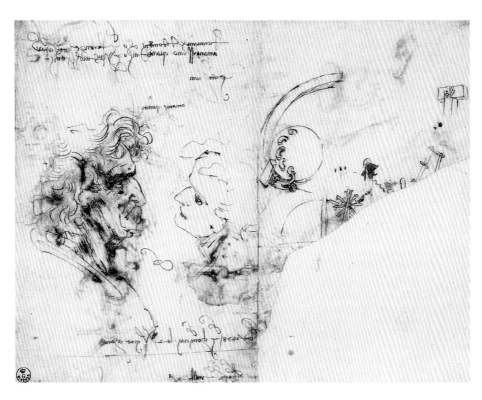

图15.《牧羊人草稿及机械零件草图》，有可能为《耶稣降生》绘画而作，标记时间为"1478年12月"，藏于佛罗伦萨乌菲兹美术馆的素描和版画部，第466E号

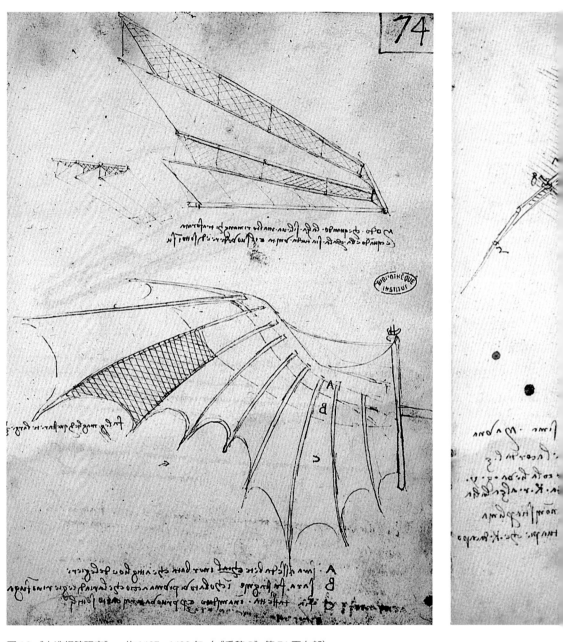

图 16.《人造翅膀研究》，约 1487—1490 年（《手稿 B》第 74 页右部）

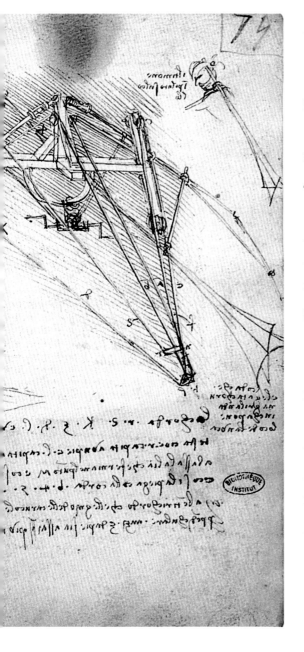

上天下海

　　达·芬奇开启飞行及飞行器研究的时间比大多数人认为的都要早，大概是在1481年，也就是在他定居米兰之前，那时他在创作绘画《三王来朝》（*Adorazione dei Magi*）。佛罗伦萨乌菲兹美术馆收藏的一幅素描证明了这点，紧挨着为创作《三王来朝》而画的一幅布料造型研究图的是一系列机械学研究图和一幅鸟类滑翔模式研究图，一旁的笔记写道："这是鸟类下降的模式。"

　　无独有偶，这页手稿背面是一张完整的飞行器研究素描，描绘了一双极具蝙蝠翅膀造型特点的人造翅膀。这些素描公布于40多年前，而今又引起了我们的关注，这都得益于多米尼克·劳伦查（Domenico Laurenza，译者注：本丛书的另一位作者）对达·芬奇飞行器研究手稿断代问题的卓越贡献。

图17.《飞行员卧姿操纵的扑翼机设计》，约1487—1490年（《手稿B》第75页右部）

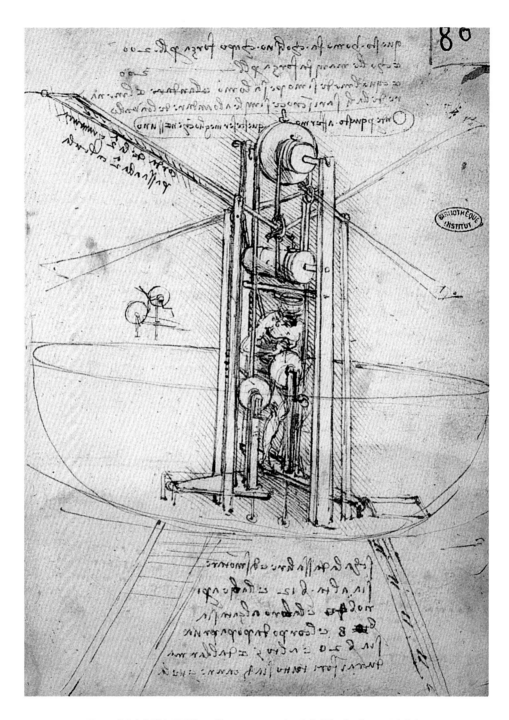

图 18.《垂直扑翼机设计》，约 1487—1490 年（《手稿 B》第 80 页右部）

图 19.《飞行器研究》，约 1480 年，藏于佛罗伦萨乌菲兹美术馆的素描和版画部，第 447E 号反面

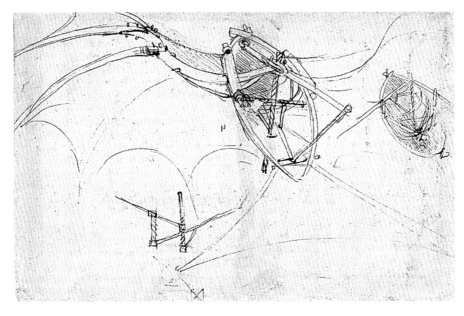

图 20.《飞行器研究》，约 1480 年（《大西洋古抄本》 第 860 页右部）

图 21.《人造飞行器研究》，右上局部为降落伞草图，约 1480 年（《大西洋古抄本》第 1058 页左部）

图 22.《潜艇研究》，约 1485—1487 年（《大西洋古抄本》第 881 页右部）

那么潜艇呢？不可否认，达·芬奇就是这项发明的第一人："我从未发表或透露过这一污损人性的发明，它能从海面下刺杀、摧毁海面上的船只，并使船内的所有人都一同被吞没进汪洋之中。"

这条广为人知的声明写在一张断代为 1506—1508 年左右的手稿上，并常作为能够证明达·芬奇道德观的引文出现。虽然当时人们认为这是一种不当竞争的机器，但我们仍相信达·芬奇真的制造过（并测试了）一艘潜艇。另外，当达·芬奇研究空气的压缩特性时，他似乎灵光一闪地设计出了增压系统，以至于潜艇能长时间地潜行水下。

定居米兰初期的一张手稿上的潜艇素描旁，画着一个平躺的人，他似乎在操纵一个踏板系统。同一时期的另一张手稿上，也画有一艘造型相近的潜艇，一侧的笔记又仿佛指明了一种增压系统。

另外，达·芬奇的潜艇也有可能借鉴了切撒热·切撒利亚诺设计的水下战舰，这些战船被安放在从米兰斯福尔扎城堡到科莫湖穆索城堡（castello di Musso）的运河流域间。切撒利亚诺是伯拉孟特的学生，也是在 1521 年编撰维特鲁威著作的作者，他在 1508 年抵达米兰，正好与达·芬奇重回米兰定居的时间一致。

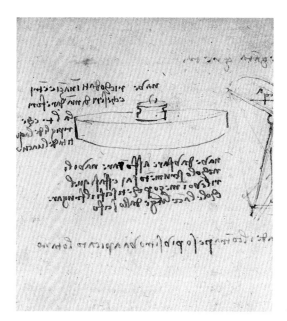

图 23.《水下运行的船只》，约 1487—1490 年（《手稿 B》第 11 页右部）

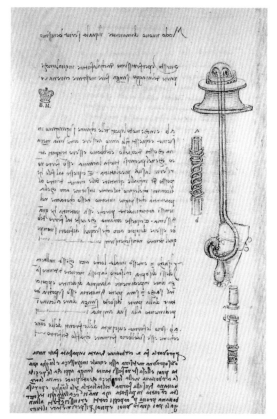

图 24.《潜水员呼吸器设计》，1508 年（《阿伦德尔抄本》第 24 页左部）

自动车和救生圈

《大西洋古抄本》第 296 页左部是一种自动车设计方案的解读思路，最初由奎多·瑟曼沙（Guido Semenza）在 1929 年的一篇文章中提出。到了 1939 年，乔瓦尼·卡内斯汀尼（Giovanni Canestrini）为在米兰开幕的达·芬奇展览制作了相关模型，时至今日，这一模型仍被不断复制。

这是一种装着三个轮子的、可转向的自动车，安在上方错置的弓弩则是它的主动力[3]源。在这一设计中，弹簧系统向两个横置在中央的齿轮提供动力，这一弹簧应该安置在齿轮下方，如手稿平面图（译者注：图 28）所示。而复杂的弓弩系统通过收集过度释放的动力，使自动车保持稳定运行，另外也用它为自动车上紧发条。

所有这些解释都是美国青年发明家、机器人专家罗塞姆提出的，他供职于美国国家航空航天局。他还破解了达·芬奇在 1497 年创作的手稿及笔记上的一些重要信息，例如达·芬奇的机器人设计建造方法研究，即一名能行走、伸展臂膀、会坐下，也能张嘴说话的机械人的设计方案。这一研究曾在 1996 年发表于第 9 期《达·芬奇学院》（第 99—100 页）上。

不过，达·芬奇的"自动车"是一种仅能运行极短距离的载具，或许只能横穿一座广场。我们能在平面图或是佛罗伦萨的素描复制品（第 122 页）上看出这种局限性。工程师罗塞姆认为这种设计也许是节日用车辆，或只是一台自动机，一如那头机械狮子。两者都是达·芬奇在 40 岁后完成的。

《藏匿水下的达·芬奇密码终因其笔记浮出水面》是南多·德·东尼（Nando de Toni）在 1939 年发表的一篇文章，此文对达·芬奇在 1508 年于《阿伦德尔抄本》中创作的两幅神秘素描给出了正确的解释。这篇文章与潜艇设计无关，因为达·芬奇在《哈默抄本》上书写的著名引文已经宣告了他不愿泄露这种"污损人性"的发明。此文所论的其实是潜水员使用的一种送气阀门系统，并指出这类装备应像浮标一样随船携带，有助于"填缝"作业，以至于船只的保养和修复再也不必回到船坞内进行。

3.主动力: forza motrice, 物理学术语，不受质点所受的其他力的影响，处于主动地位的一种力，包括重力、弹簧弹力、静电力和洛仑兹力，此处仅指弹簧弹力。

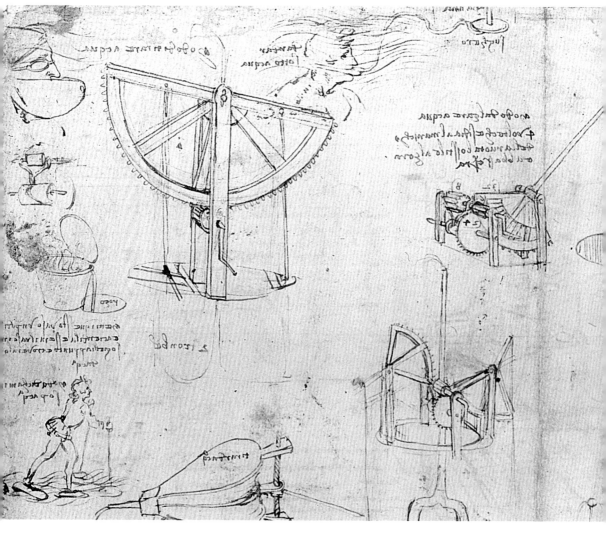

图 25.《水下呼吸系统与"水下行走系统"的技术学研究》，约 1480—1482 年（《大西洋古抄本》第 26 页右部）

这一工程学设计其实是对达·芬奇所处时代就已存在并使用的同类装置的改良，如其抄本所证，在 1487—1490 年间创作后藏于巴黎的《手稿 B》，以及《大西洋古抄本》的早期手稿就曾提到这种装备。

这一时期，达·芬奇还从事了游泳和海面营救领域的相关设计，如他在素描中绘制的脚蹼以及形如甜甜圈的救生圈，此外还出现了一组有趣的水下行走装备。

无独有偶，达·芬奇还设计过与水

图 26.《救生圈设计》，约 1487—1490 年（《手稿 B》第 81 页左部）

图 27.《航空救援装置》，形如"安全气囊"的充气皮囊设计，约 1505 年（《鸟类飞行抄本》第 16 页右部）

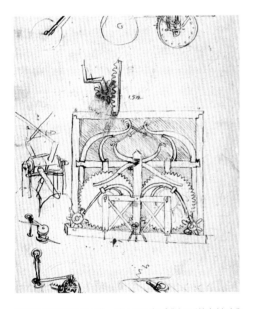

图 28.《自动车设计》，约 1478 年（《大西洋古抄本》第 812 页右部）

图 29.《潜水服设计》，约 1485—1487 年（《大西洋古抄本》第 909 页左部）

面救援异曲同工的航空营救装备。设计思路是装配一组充气皮囊，在飞行器向水面或地面坠落过程中，用它保护飞行员的安全。亚历桑德罗·韦佐希对达·芬奇在约 1505 年于《鸟类飞行抄本》上写下的笔记及一幅小插图进行了解读：这张图画出了一个双脚着地的人，他被一组"应与主祷文同时使用的气囊"包裹住，这种气囊与今天的"安全气囊"如出一辙。

Fig. 238.

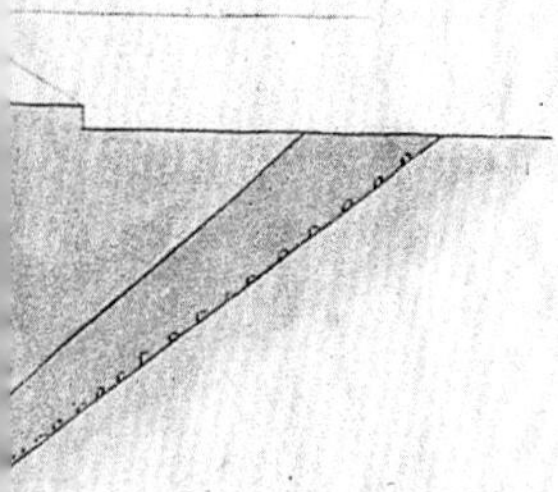

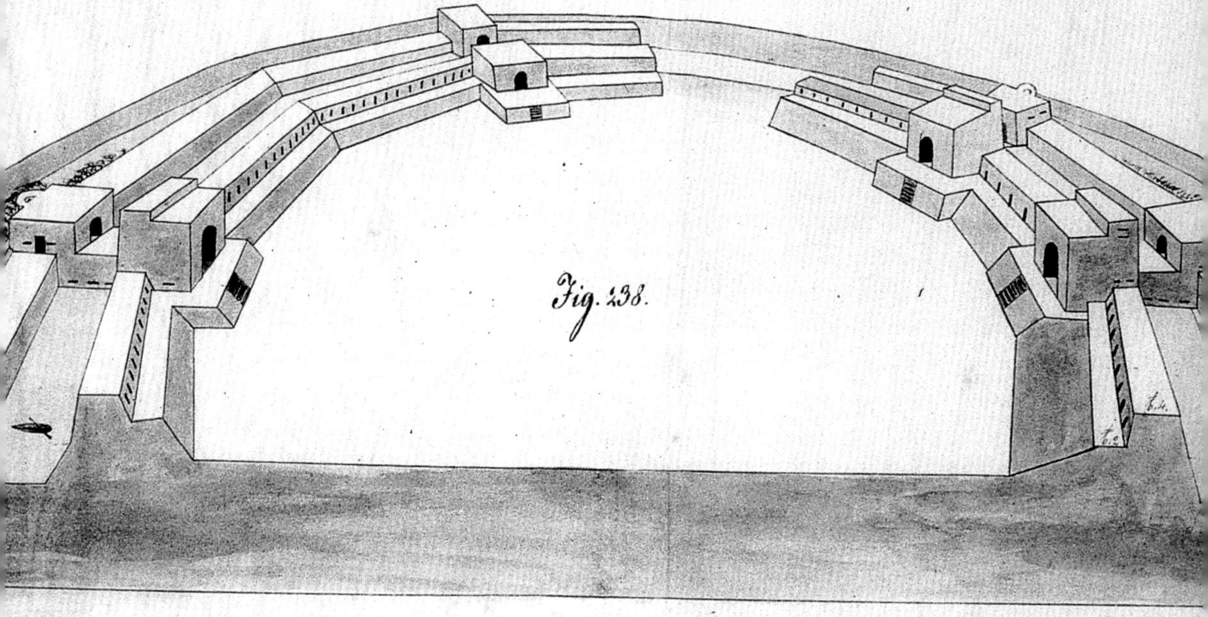

Fig. 242.

第五章
"不可遗失的发明"

◀◀◀

　　达·芬奇和西方印刷术一同诞生。从一开始,印刷机就深深吸引着他,大约在 1480 年,他设计出了一台自动装纸印刷机,后来在 15 世纪末这一设备再次被提及。从 16 世纪起,他对解剖学的关注以及对个人著作进行系统汇编工作的执着,使他更坚定地认为必须借用印刷工具才能传播自己的发明,以至于他发明了一种能在书写或绘画的时候同时进行复制的创作系统,一如近三个世纪后威廉·布莱克的发明。

G. 弗朗索瓦(G. François)和 L. 菲拉利奥(L. Ferrario)复制的《大西洋古抄本》中的《军事设施素描》,图版 41,1841 年出版于米兰

"我从未发表或透露"这句引文其实反证了，也确认了，达·芬奇曾发表或透露过他的发明。虽然在达·芬奇所处的时代，发布信息的方式并非我们今天使用的大众传媒，但我们能肯定（而且现在我们也有一些证据）确有此事。另外西方印刷术成形于15世纪中叶，正是达·芬奇出生的那个时期。不过他在世时并没有发表、出版过任何东西。

达·芬奇在《论绘画》一书中也确认了自己的作品迟迟没有送到印刷作坊印刷出版的原因。他认为绘画这种技术[1]之所以优于其他技术门类，是因为它不具备可复制性，也无法生产出大量副本："绘画不能像印刷书籍那样无限量地复制。"

不过，达·芬奇也意识到在技术学和科学领域中传播自己的发明和思想的必要性。在《大西洋古抄本》的一张早期手稿上，他绘制了一台自动装纸印刷机的技术学图示（译者注：图1）。紧挨着的则是一幅圣母跪姿素描，这可能是为了《圣母领报》或《耶稣降生》绘画主题所做的练习，

因此被断代为约1480—1482年。此图下方刊载的图2则是同时期的作品碎片，也创作于15世纪的最后20年。

虽不是直抒胸臆，但当达·芬奇解释自己为纺织领域发明的一台机器时，他也表现出了对印刷术的高度赞扬，即他在1495年左右于《大西洋古抄本》上所写的一句话："这是继印刷机后，又一个为人类所创作的，功用巨大、产量颇丰，并能造出精美事物的发明。"

不久之后，大约到了1505年，达·芬奇甚至考虑过一种能在书写或绘画的同时进行复制的创作系统，也就是近三个世纪后，威廉·布莱克（William Blake）采用的那种模式。

再之后，大概在1515年，他设计了为自己的作品进行印刷复制的方法，甚至计算过完成一部论著所需要的基本字数，也就是把一本书算作160张纸（即320面），每面52行，一行50个字符。

1.技术：在文艺复兴时期，"技术"一词几乎指代所有技术和学科，包括数学、天文学、音乐、文法等。

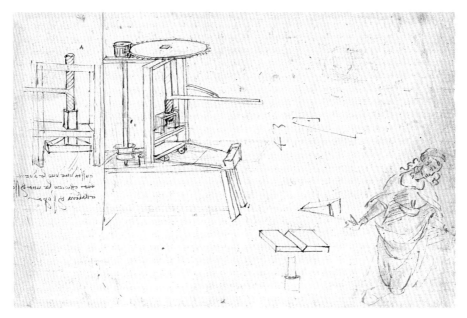

图 1.《自动装纸印刷机设计与跪姿圣母草图》, 约 1480—1482 年 (《大西洋古抄本》第 995 页右部)

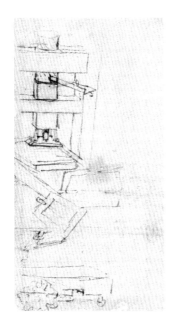

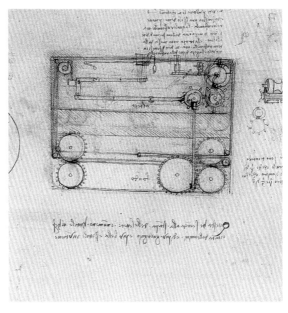

图 2.《印刷机草图》, 残页, 约 1480—1482 年 (《大西洋古抄本》 第 991 页左部)

图 3.《纺织机研究》, 约 1495 年 (《大西洋古抄本》 第 985 页右部)

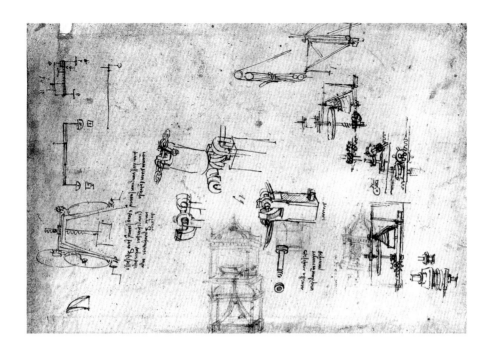

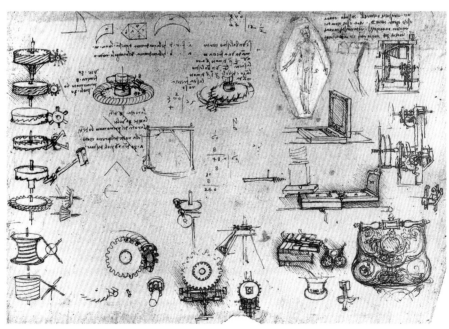

图 4.《自动装纸印刷机设计》，约 1497 年（《大西洋古抄本》 第 35 页右部、第 1038 页右部）；
附：《人体素描》，残片（《温莎手稿》第 12722 页）

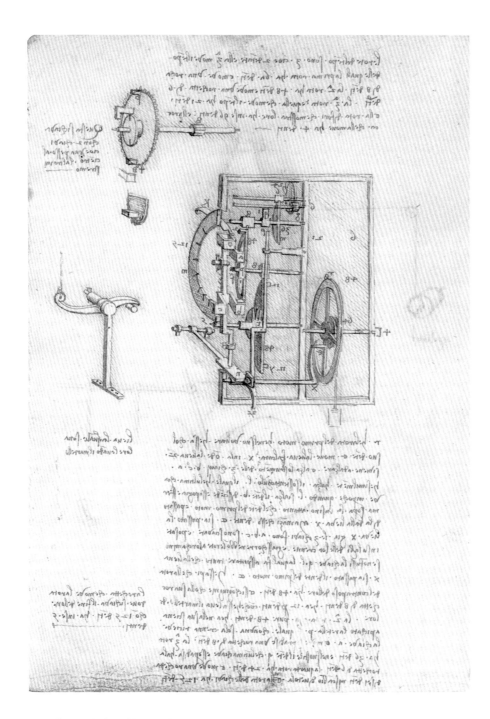

图 5.《时钟机械学研究》——为印刷准备的"结构式"设计素描，约 1495—1497 年（《马德里 1 号抄本》第 27 页左部）

印刷系统

在此之前，即1510年，在《温莎手稿》一系列精美绝伦的解剖学研究中有一张手稿，达·芬奇在上面解释到，即使采用极为昂贵的手法，如铜版画，也有复制这些研究稿件的必要性。

在当时，铜版画技术已崭露头角，如伯拉孟特著名的大型版画复制品《佩维达利版画》（*Stampa Prevedari*），但仍需要大量的资金投入。

达·芬奇写道："想要探查颈椎骨的整体结构需要三面，每块骨骼的独立结构又需要三面。以此类推，想要表现其仰视和俯视结构也需要两面，所以要想从这些形象中得出真正的学问，完全不能舍弃时人撰写的大量乏味且易混淆又冗长的文字。但是通过这种简洁明了的方法，从不同层面完美描绘人体的图像，如果它们所载的内容都是真实且具体的话，那么这将是我献给人类的礼物（不该让它们遗失）。我可以传授你们印刷这些素描的方法，但我恳求你们以及你们的后人，不要用？来复制我的作品。"

这中间丢失的那个字（"？"），不应该是"木头"一词，因为根据木版画的制作过程，这种技法确实能够有效制作出图示化插图，不过缺点是很难表现解剖学素描中的复杂细节。也因为其著作《论绘画》的印刷过程，即其学生在他身后完成的印刷计划，曾使用了木版画技法，但仅仅复制了那些便于木版画制作的小型插图和图表。另外也因为能节约经费。

那达·芬奇的印刷方法能否应用于机器类素描呢？可以，并且只要不是针对某些客户的特别要求和建议，就都能用适合印刷发表的绘画模式绘出版画原稿。

从这个角度看，我们就能在达·芬奇手稿中找到一些线索，比如他当时坚持使用零部件结构来表现机器的运行模式，虽然缺少机器的整体图示，但这么做的目的是让他人快速理解这些机器的具体功能。如他在1497年的《马德里1号抄本》上写下的一条注释："描绘这些结构时，应大面积删去盔甲或其他会阻挡眼睛去观察学习的东西。"

因此我们能一眼望穿这些机器的功能结构。这页手稿上的所有文字似乎就是后来法国各类百科全书的机械学索引中的一个内容，如贝利多（Belidor）的水力学和狄德罗（Diderot）的百科全书。

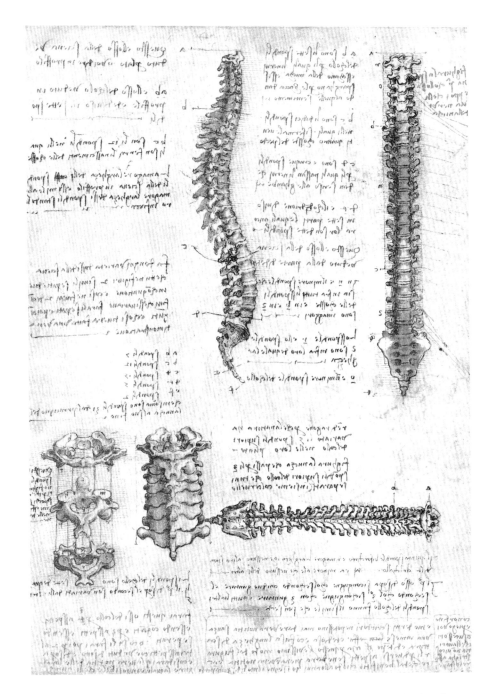

图 6.《人体解剖素描》——为印刷准备的"结构式"设计素描，右下角注释为后人所加，约 1510
年（《温莎手稿》第 19007 页左部）

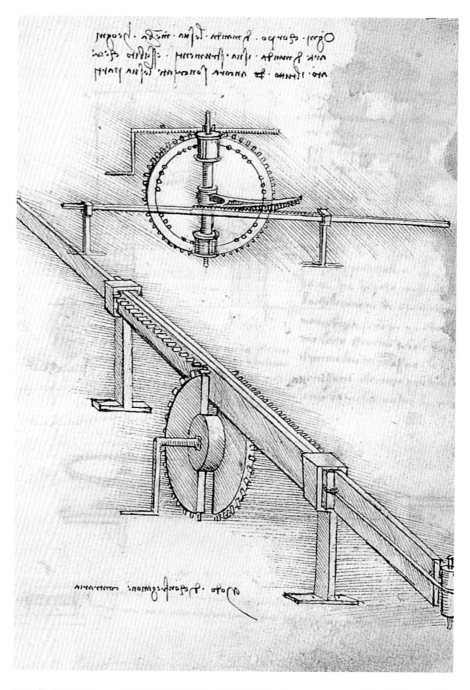

图 7.《机械学素描》——为印刷准备的"结构式"设计素描，约 1495—1497 年（《马德里 1 号抄本》第 2 页右部）

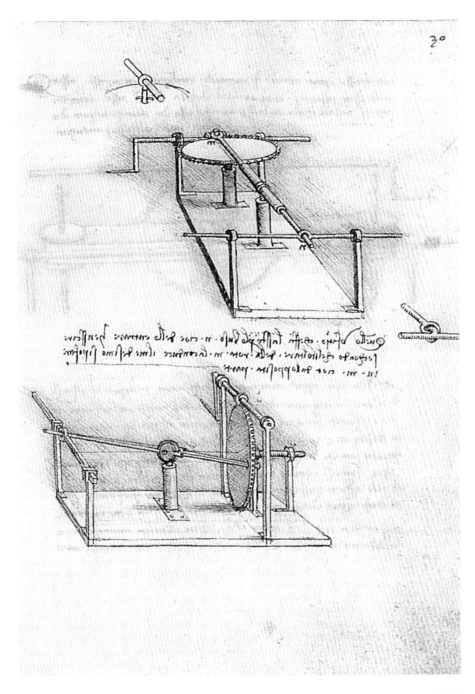

图 8.《机械学素描》——为印刷准备的"结构式"设计素描，约 1495—1497 年（《马德里 1 号抄本》第 30 页右部）

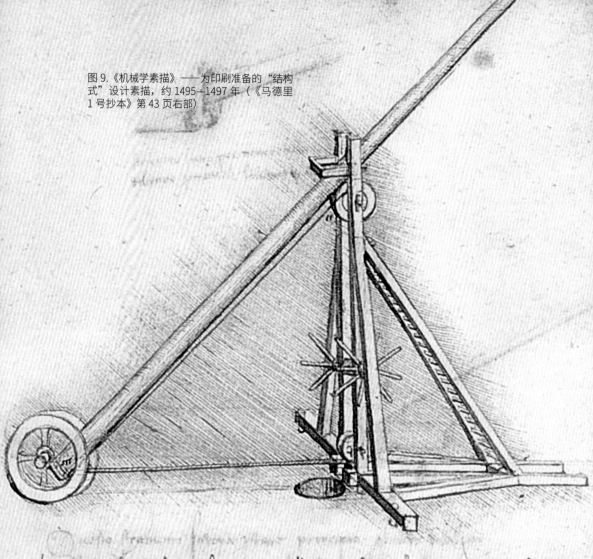

图 9.《机械学素描》——为印刷准备的"结构式"设计素描，约 1495—1497 年（《马德里1 号抄本》第 43 页右部）

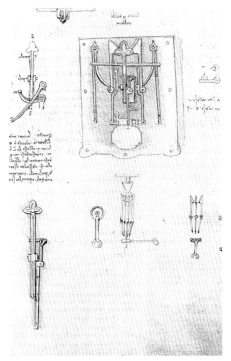

图 10.《机械学素描》——为印刷准备的"结构式"设计素描，约 1495—1497 年（《马德里 1 号抄本》第 50 页右部）

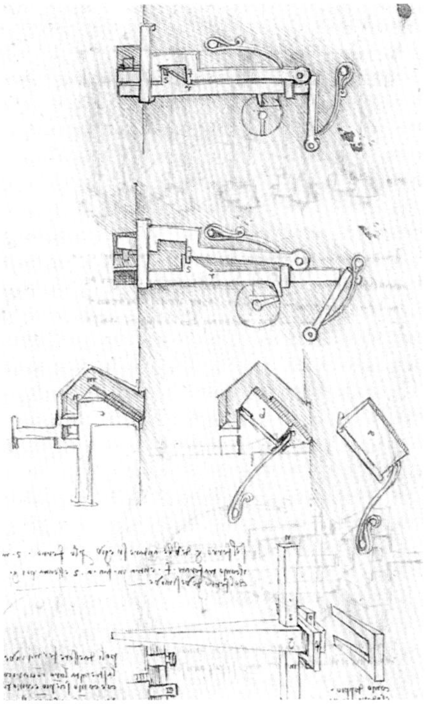

图 11.《机械学素描》——为印刷准备的"结构式"设计素描，约 1495—1497 年（《马德里 1 号抄本》第 99 页右部）

而他在这页手稿上写下的说明，描述了一种能从海底把大块重物提起来的设计方案，也是我们今天航海技术上的一项应用："在水下套住空气，就能把重物提出水面，因此就要在水下给气囊充气，然后连接在重物上。"

不足为奇，有关达·芬奇的论著从 16 世纪起就在法国和德国各地印刷出版了，当然也在意大利出版。而且这些书使用相同手法来分析达·芬奇的机器发明，因此不必怀疑它们的资料来源。

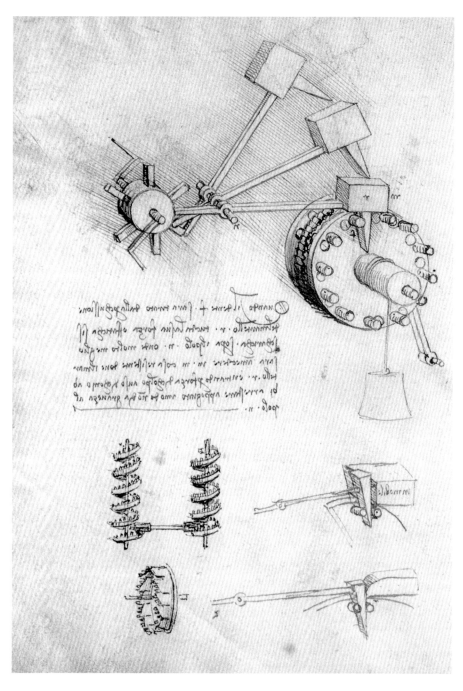

图 12.《锤形结构绞车》——为印刷准备的"结构式"设计素描,约 1495—1497 年(《马德里 1 号抄本》第 92 页左部)

创造与尊严

达·芬奇生命的最后三年身处法国，作为弗朗索瓦一世的门客生活在昂布瓦斯（Amboise）的克劳斯·吕斯城堡（Clos Luce）内。在1517年，也就是离世前两年，他受到意大利红衣主教路易吉·阿拉贡纳（Luigi d'Aragona）的登门拜访。

在杰出的主教及其随从面前，达·芬奇展示了自己的绘画，包括素描，更主要的是自己的手稿，"数不尽的书卷"。主教的书记员在日记中写道："所有内容都用白话文写成，他给我们展示的那些都很实用也很有趣。"有可能达·芬奇曾向他们提过自己作品的发表途径，或交付后人来完成这项工作。

因此，对达·芬奇而言，汇编工作比以往更像是件例行的日常事务，他前所未有地投入其中，并且任何事情都无法干扰

这项繁重的转写、梳理、核对工作。无限的耐心、坚定的决心和无比的谦逊最终让这些作品成为不可遗失的宝贵财富："明天你要核对这些东西并誊写它们，然后把原件运走送回佛罗伦萨，免得你把这些不可遗失的发明给弄丢了。"这句话是达·芬奇在1508年前后进行汇编工作时写于《哈默抄本》上的。

最终，达·芬奇也得重回凡间，即使他已年老体弱，即使他早就能坐享其成，他仍旧带着无限的热情，惶恐不安地梦想着再前进一步。虽然达·芬奇已经老去，虽然他离开了意大利，但此行并不是为了追寻法国国王弗朗索瓦一世的庇护，并不是为了安享晚年，此行唯一的目的，就是要将他已涉足的未来变成现实。

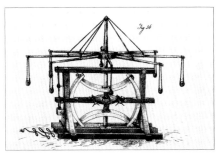

图13

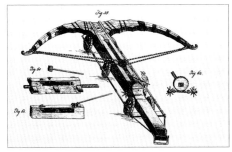

图14

DISEGNI D'ARCHITETTURA
MILITARE
DI
LEONARDO DA VINCI
COLLE SPIEGAZIONI DEL MEDESIMO
TRATTI DAGLI ORIGINALI
DA
Giuseppe François Imp: Regi Primo Tenente
E
Luigi Ferrario Imperiale Regio Impiegato all'Archivio Diplomatico
MILANO
1841

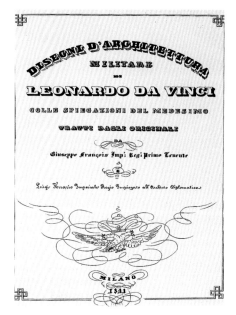

图 15

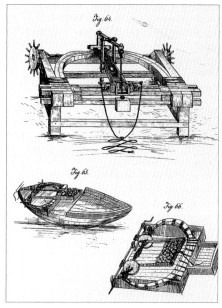

图 16

图 13—17.G. 弗朗索瓦和 L. 菲拉利奥复制的《大西洋古抄本》中的《战争装备、设施和武器素描》，图版 X 、XII、 XIV、 XXXV，1841 年出版于米兰，原书为达·芬奇技术学素描的首次系统复制出版成果

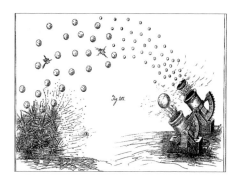

图 17

达·芬奇与布莱克

1971 年，拉迪丝劳·瑞缇在伦敦发表了一篇有关达·芬奇版画艺术的学术文章，他指出达·芬奇的发明或为威廉·布莱克在 18 世纪末发明的一种能在书写或绘画的同时进行复制的制作方法的原型。

15 世纪中叶，当达·芬奇出生之时，欧洲的活字印刷术刚被发明。在《马德里 2 号抄本》中，达·芬奇曾提出一种造价低廉，又便于快速复制手稿和素描的印刷系统。

这是一种新式的金属蚀刻版画技法，如他在《马德里 2 号抄本》第 119 页右部的描述："为了让这幅作品投入印刷生产，我在铁板上涂抹蛋清后，用左手在上面勾画书写。完成之后，你再把漆涂抹均匀，也就是漆混合浅黄色或淡黄色；等它干燥变软后，在蛋黄上书写过的部分就会和淡黄色颜料一起凸出，并且变得易碎，此时敲碎它，就会在铜板上留下书写过的部分。然后你可以用自己的方法深凿这些区域，这些文字就会变成凹痕。你也可以在淡黄色颜料上加

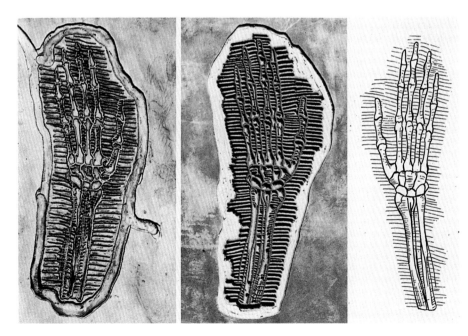

图 18. 阿缇丽奥·罗西使用达·芬奇在约 1504 年于《马德里 2 号抄本》第 119 页右部描述的印刷方法复制的解剖学素描

图 19. 威廉·布莱克，《美国革命插图：预言》，图版 10（《焚于烈火的野蛮人》），1973 年

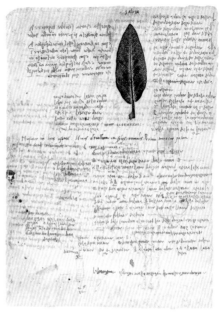

图 20.《实物（fisiotipica）印刷系统》，约 1508—1510 年（《大西洋古抄本》第 197 页左部）

上松香，并加热它，它就会变得更脆。为了更好地看出文字，最好放置在硫黄烟上，这样能使颜色和铜板紧密结合。"

当代艺术家阿缇丽奥·罗西（Attilio Rossi）通过以上方法，复制了一幅达·芬奇在 1510 年于《温莎手稿》上绘制的手骨解剖学素描。我们还将用这种方法复制达·芬奇的笔记，以此证实其可行性。

大事年表

1452 年

莱奥纳多·达·芬奇于 4 月 15 日出生在意大利的芬奇镇,是公证员皮耶罗·迪·安东尼奥·达·芬奇(Piero di Antonio da Vinci)的亲生儿子。

1469 年

据说在这年进入韦罗齐奥的艺术作坊学习。

1472 年

注册加入画家行会——圣卢卡会。这一年开始创作自己的早期作品,包括为节日和比赛准备的舞台设备、一张挂毯图样(丢失)和一些未标日期的绘画作品。

1473 年

于 8 月 5 日绘制了一张描绘阿诺河谷(Valle dell'Arno)的素描,现藏于佛罗伦萨乌菲兹美术馆的素描和版画部。

1478 年

承担领主宫(后称旧宫)内的圣伯尔纳多礼拜堂的祭坛画创作工作。同年还创作了两幅圣母主题的作品,其中一幅被认为是《柏诺瓦的圣母》

(*Madonna Benois*)。

1480 年

据卡迪家族的无名氏记载,此年达·芬奇开始服侍洛伦佐·德·美第奇。

1481 年

签署《三工来朝》的订购合同。

1482 年

迁居米兰,但未完成《三王来朝》。

1483 年

在米兰与伊万杰利斯塔·德·佩蒂斯和安布罗乔·德·佩蒂斯兄弟(Evangelista e Ambrogio De Predis)一同签订《岩间圣母》的订购合同。

1487 年

收到米兰主教座堂为其创作的穹顶内壁设计图而支付的佣金。

1488 年

韦罗齐奥在威尼斯创作巴托洛梅奥·科莱奥尼骑

马纪念雕像时离世。

多纳托·伯拉孟特（Donato Bramante）在帕维亚担任主教座堂设计的顾问工作。

1489 年

为吉安·嘉莱佐·斯福尔扎和伊莎贝拉·阿拉贡的婚礼建造相关设备。同年开始为弗朗切斯科·斯福尔扎骑马巨型雕像的建造做准备工作。

1491 年

吉安·贾可蒙·卡坡蒂·达·奥伦诺（Gian Giacomo Caprotti da Oreno），绰号"莎莱"（Salai）在之后的 10 年内担任达·芬奇的助手。其绰号"莎莱"原意为"恶魔"，指其暴怒的性格。

1492 年

为卢多维科·莫罗（Ludovico il Moro）和贝亚特丽切·德斯特（Beatrice d'Este）的婚礼，奉命设计了斯基太人[1]和鞑靼人游行队伍所穿的服装。

1494 年

在维杰瓦诺地区，帮助公爵斯福尔扎开垦领地。

1495 年

开始创作《最后的晚餐》，同时为斯福尔扎城堡的更衣室进行装饰工作。被任命为公爵御用工程师。

1497 年

米兰公爵斯福尔扎要求达·芬奇尽快完成《最后的晚餐》，此画有可能在年末完工。

1498 年

完成斯福尔扎城堡木板室（Sala delle Asse）的装饰工程。

波拉伊奥罗在罗马去世，生前完成了思道四世（Sisto IV）和依诺增爵八世（Innocenzo VIII）之墓。米开朗基罗奉命雕刻位于圣彼得大教堂中的《哀悼基督》（Pietà）。在佛罗伦萨，修士萨佛纳罗拉（Savonarola）[2]被施以火刑处死。

1499 年

离开米兰城，迁居郊野，与友人数学家卢卡·帕丘里（Luca Pacioli）同住。后来取道威尼斯，前往曼托瓦（Mantova），并为侯爵夫人伊莎贝拉·埃斯特画了两张肖像。

1.斯基太人：古代游牧民族，活跃在今天的东欧大草原和中亚地区。
2.萨佛纳罗拉：意大利明道会修士，反对文艺复兴艺术和哲学，焚烧艺术品和非宗教类书籍，预言 1500 年为世界末日。后被教皇亚历山大六世以信仰异教、伪造预言、妨碍治安等罪名，判处火刑。在艺术界，晚年的波提切利也是其信徒，并多次将自己的作品焚毁。

卢卡·辛纽内里在奥尔维耶托的主教座堂中的圣布里奇奥礼拜堂创作壁画。同年,米兰被法国国王路易十二占领。

1500 年
于 3 月抵达威尼斯。后来重回佛罗伦萨,居住在圣母领报大殿旁的圣母忠仆会修道院内。

1502 年
以常务工程师和建筑师的身份为切萨雷·波吉亚(Cesare Borgia)服务,并随其前往罗马涅战场。

1503 年
据瓦萨里记载,达·芬奇重回佛罗伦萨时,开始创作《蒙娜丽莎》。制定绕行阿诺河围攻比萨城的战略方案。受佛罗伦萨领主之命,绘制《安吉亚里之战》。

1504 年
继续创作《安吉亚里之战》。被召加入《大卫》展示方案评审团,讨论米开朗基罗《大卫》的安放地点。为作品《丽达与天鹅》制作草图。
米开朗基罗历时 3 年完成《大卫》的雕刻工作。

拉斐尔完成《圣母的婚礼》(*Matrimonio della Vergine*),其定居佛罗伦萨期间,受到达·芬奇作品的深刻影响。

1506 年
离开佛罗伦萨,前往米兰,并承诺在 3 个月内返回。但他在米兰的居住时间比预计的要长。

1508 年
生活在佛罗伦萨,后又前往米兰。米开朗基罗在罗马绘制西斯廷礼拜堂的天顶壁画。乔尔乔涅(Giorgione)和提香(Tiziano)[3] 在威尼斯为德国商馆(Fondaco dei Tedeschi)绘制壁画。

1509 年
在伦巴第地区的山脉间进行地质学研究。
拉斐尔在罗马为使徒宫内的四间客房(译者注:即拉斐尔房间)绘制装饰画。

1510 年
在帕维亚大学和马尔卡托尼奥·德拉·托雷一起进行解剖学研究。

3.乔尔乔涅和提香是 16世纪威尼斯画派的开创者。

1512 年

米开朗基罗完成了西斯廷礼拜堂天顶壁画的绘制工作。

1513 年

从米兰前往罗马,居住在梵蒂冈的贝尔维德区,受朱利亚诺·德·美第奇的保护。在罗马居住的 3 年中,主要进行数学和科学研究。儒略二世(Giulio II)死后,乔瓦尼·德·美第奇继任教皇,尊号利奥十世。

1514 年

设计罗马周边蓬迪内(Pontine)地区沼泽地的排水系统,同时设计奇维塔韦基亚港。

1517 年

迁居昂布瓦斯,居住在法国国王弗朗索瓦一世的庄园内。1 月中,与国王一同参观罗莫朗坦地区(Romorantin),计划在此兴建一座新王宫,并在索罗涅(Sologne)地区开凿运河。

1518 年

参与庆祝法国王太子的洗礼仪式;参与洛伦佐二世·德·美第奇与国王孙女的婚礼。

1519 年

于 4 月 23 日起草遗嘱,遗嘱执行人是友人、画家弗朗切斯科·梅勒兹。5 月 2 日去世。葬礼在 8 月 12 日举行,悼词中称达·芬奇为"米兰贵族,法国国王首席画家、工程师及建筑师,王国的机械大师"。

查理五世(Carlo V d'Asburgo)当选神圣罗马帝国皇帝,开启了法国同神圣罗马帝国间的全面战争。科勒乔(Correggio)在帕尔马(Parma)为圣保禄修道院的院长卧房绘制装饰画。

索引

图书在版编目（CIP）数据

达·芬奇的机器 /（意）卡洛·佩德列特著；庄泽曦
译 . -- 长沙：湖南美术出版社，2021.1
ISBN 978-7-5356-9196-5

Ⅰ.①达... Ⅱ.①卡...②庄... Ⅲ.①达·芬奇 (Leonardo
da Vinci, 1452—1519) - 机械学 Ⅳ.① TH11

中国版本图书馆 CIP 数据核字 (2020) 第 121971 号

湖南省版权局著作权合同登记图字：18-2020-156

达·芬奇的机器
DA FENQI DE JIQI

出 版 人：黄　啸
作　　者：[意] 卡洛·佩德列特
译　　者：庄泽曦
责任编辑：曹昱阳　刘迎蒸
封面设计：李河谕　黄　芸
版式设计：曹昱阳
责任校对：贺　娜　侯　婧
出版发行：湖南美术出版社
　　　　　（长沙市东二环一段622号）
经　　销：湖南省新华书店
印　　刷：恒美印务（广州）有限公司
　　　　　（广州南沙经济技术开发区环市大道南路334号）
开　　本：710mm×1000mm　1/16
印　　张：10.5
版　　次：2021年1月第1版
印　　次：2021年1月第1次印刷
书　　号：ISBN 978-7-5356-9196-5
定　　价：88.00元